生物 & 人體

地球上出現過許多生物,有些滅絕了,有些則演化成其他物種呢。

化學是一門探究物質構成、組合和變化的學科。

不但令人們造出有用的東西,還可更有效去運用能源呢!

天文 & 地理

上天下地,為大家揭開廣闊宇宙與地球深邃的奧秘!

其他

還剖析如魔術心理、文物的科學知識等其他題目!

《兒童的科學》踏入第 200 期,已度過了 16 個寒暑。假設當年一個小學四年級學生買了第 1 期,此後茁壯成長,現在該已成為一位在社會工作的成年人了。

這些年間,編輯們不斷努力尋找各種各樣的題材,以圖文並茂的生動方式,深入淺出地闡述箇中道理,務求令一眾讀者可學習更多科學知識。

適逢今期在 2021 年末出版,期望來年能為大家介紹更多精彩有趣的科普內容!

《兒童的科學》編輯部

科學實踐專輯

物理

機械

生活

頓牛老闆巡視興建中的度假村，發現酒店前有一塊神秘大布幕……

正文社 YouTube 頻道

嘟一嘟在正文社 YouTube 頻道搜尋「懸空水龍頭」觀看製作過程！

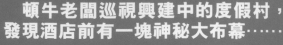

頓牛度假城

居兔工程師，這塊大布幕蓋着甚麼？

老闆，這是設計團隊的傑作，現在馬上拉開布幕，給你欣賞！

這是我們設計的懸空水龍頭形神奇噴水池！

懸空
水龍頭

哇！他居然連人帶水龍頭浮在空中？

4

懸空出水之謎大拆解

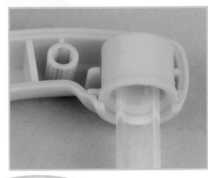

Ⓐ 池底藏有水泵，將水泵向上方。

Ⓑ 水泵上連接着一條透明水管，這條水管支撐着水龍頭，同時把底部的水輸送到頂部。

Ⓒ 水龍頭的出水口內部呈帽狀結構。當水碰到「帽子」後，就會從空隙溢出水管外側，流回下方，形成水柱。

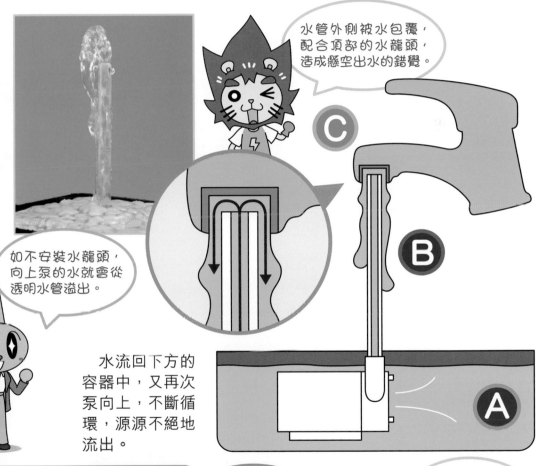

水管外側被水包覆，配合頂部的水龍頭，造成懸空出水的錯覺。

如不安裝水龍頭，向上泵的水就會從透明水管溢出。

水流回下方的容器中，又再次泵向上，不斷循環，源源不絕地流出。

電路圖

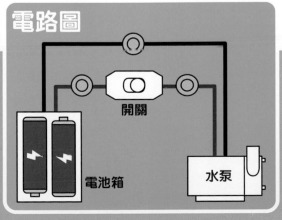

開關

電池箱

水泵

原來如此！

頓牛老闆的視線集中在愛因獅子和水龍頭上，注意不到我暗中啟動水龍頭。

5

噴水功臣：離心泵

離心泵又名渦卷泵，是坊間普遍的水泵。當中的摩打帶動葉輪，轉動產生的力會把水壓向泵的內壁。這時水在高壓下快速湧向上方的空洞，造成噴水現象。

水理應向下流動，為何噴水池能抵抗地心吸力，把水噴高呢？

基本構造概念圖

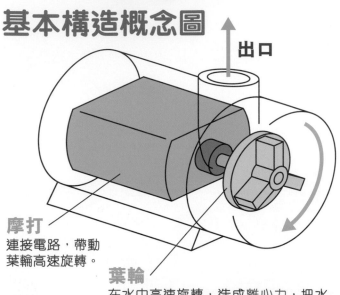

出口

摩打
連接電路，帶動葉輪高速旋轉。

葉輪
在水中高速旋轉，造成離心力，把水推向葉輪的外圍，水便會從水壓較高處湧向水壓較低的出口。

水泵運作時側面橫切面

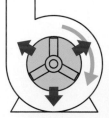

出口

離心力

連接摩打

進水口

離心力

葉輪正面圖

紅色箭咀：
葉輪高速旋轉時，離心力的方向。

離心力是甚麼？

以主題樂園的旋轉秋千為例，當秋千轉動時，乘客會感受到一股被拋向外的力量，那就是離心力。轉速愈快，離心力便愈強。

小實驗：水中的離心力

只要利用玻璃杯，就能看到水泵內的離心力現象。

旋轉秋千轉動時，秋千座位因離心力而變得傾斜。

Photo by Ethan Hoover

1 在玻璃杯倒水約一半滿。在杯的外側，按水位畫上刻度線。

2 用匙或筷子高速攪水，直至水的中央呈凹狀。

3 一邊攪水，一邊從側邊觀察，可見水位超過刻度線。

可以請大人幫忙攪水，轉速要足夠快且持續，實驗結果才明顯。

當杯內的水被快速攪動時，離心力便把水擠向杯壁，並把杯邊的水往上推。

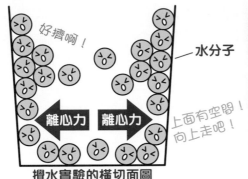

好擠啊！

水分子

離心力 離心力

上面有空間！向上走吧！

攪水實驗的橫切面圖

高速旋轉時的邊緣最高水位

水靜止時的水位

水泵在泵水時，因上方空洞的水壓較低，水就會湧向該處，只是其威力比在水杯攪水強得多。

這是因為摩打的轉速比人手快得多。

另外，扇葉旋轉所施加的離心力方向與出水口一致，故此噴發力就大得多。

▶水泵內被擠壓的水向較低水壓的洞口湧去。

離心力

常見的噴嘴式飲水器和噴水池也是採用了水壓原理呢！

▲如電量不足，摩打轉速就會減慢，離心力也減弱，令水壓不足以向上擠到水龍頭頂部。

水壓高與低

無論是海洋還是容器內，水都會向四方八面施加壓力。一般來說，水愈深，其密度就愈高，承受的壓力也愈大。

水壩須上窄下闊，才可承受下方的高水壓。

低水壓 ▶

水壩

高水壓 ▶

飲水機也是噴水池？

噴嘴式飲水機也採用水壓原理，只要按下按鈕，密封的噴嘴便會打開，水便因高水壓而噴出。早期的噴水池以水泵抽取食水，後來演變成裝飾用途。

池水乾淨嗎？萬一客人玩水，會否感染病菌？

放心，這噴水池的水來自濾水廠的潔淨淡水。

自來水的濾水過程

現時，香港的食水來自水塘收集的雨水和東江水，又稱原水。濾水廠會先去除原水雜質和肉眼看不見的細菌和微生物，才輸送給市民使用。

屯門大欖涌水塘

Photo by Eddie Yip / CC BY-SA 2.0

濾水廠在各個階段都會為水添加化學物質，各有淨水效用：

聚電解質、明礬（音：凡）
令水中雜質的加速凝聚成較大顆粒。

明礬結晶
Photo by Ude / CC BY-SA 3.0

臭氧
能消毒、抑制水藻生長、氧化雜質、消除寄生蟲和異味。

氯氣
消滅水中的病菌和微生物等病原體。

為提升水質，會在清水池加入保護牙齒的氟化物和調整酸鹼度的熟石灰，然後才運往全港各區的配水庫。

原水

快速攪拌室

澄清池

濾水池

化學物質在攪拌池和原水均勻混合。雜質凝聚成大顆粒後，於澄清池沉澱成污泥。

以牛潭尾濾水廠為例，其濾水池鋪設 150cm 活性碳、30cm 幼砂和 30cm 卵石，以隔走微小的懸浮物。

清水池

Photo by Chong Fat

沙田濾水廠

▲全港最大的濾水廠，由 1964 年啟用至今，部分設施正進行翻新工程，並將增設雨水收集系統。

活性碳功效

抽水站

配水庫

活性碳顆粒是一種疏水性吸附劑，大如米粒，其表面含大量微孔，能吸附水中的有機污染物。

香港常見的樓宇內部供水系統

一般而言，水務署的輸水管連接建築物的地下或地面的貯水箱❶（俗稱「水缸」或「水箱」）。水會先被泵上天台的水箱❷❸，再往下輸送至各層用戶及消防喉轆❹。

❸ 天台水箱
淡水與鹹水的供水系統互相獨立。

洗水箱，停食水
- 根據水務署指引，住宅應最少3個月洗水箱一次。
- 清洗時要排走箱中的水，導致暫停供水。

生活例子

香港大部分地區用鹹水沖廁。

❹ 消防供水系統
住宅天台通常有2個淡水箱，分別提供食水和消防之用，其供水管道互相獨立。

水泵的工作時間

當水箱剩下三分之二水量時，就會自動啟動水泵補水。

只是，夜闌人靜時，大型水泵的運作聲格外明顯。為免水泵的噪音打擾低層住戶，有些水泵會作靈活調節，例如：

方法 1
加裝計時器，在深夜時段，就算水量低於三分之二亦不會補水。

方法 2
在晚上11時之前，無論水箱剩水多少，都一律泵滿水，以免水量在深夜低於三分之二。

❷ 水泵房
連接水箱。房內的大水泵跟成人差不多高，才夠力將水抽向天台。

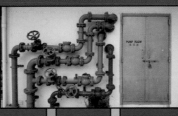

❶ 地下或地面水箱
一般地下或地面的水箱與天台水箱的容量比例為1:3。

水務署淡水喉管

俗稱政府街喉

地下淡水箱

地下鹹水箱

水務署鹹水喉管

水龍頭的出水原理

以傳統的螺旋式水龍頭為例：

頂部的手把連接內部的轉軸，而轉軸底部有塊膠塞（又名墊圈）。當轉軸被扭向下時，膠塞就會被壓至最底，阻止水從喉管出水口流出。

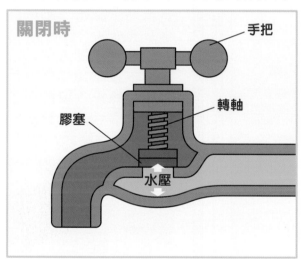

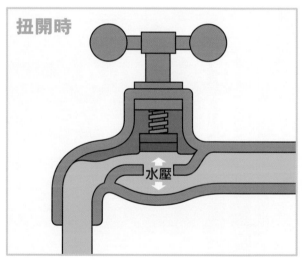

當轉動手把時，轉軸就被扭鬆。這時膠塞向下壓的力量不足，便會被水壓推向上，水便流出水龍頭外。

各種各樣的水龍頭

坊間大多水龍頭的原理都與上述情況類似，透過手把調節內部開關讓水流出。

Photo by Visual Stories Micheile

◀自閉式水龍頭在出水一段時間後，膠塞自動壓向出水口，防止因扭不緊水龍頭而漏水。

◀▲使用扳手式和抬啟式水龍頭時，只要輕輕一推便能出水，方便長者及手部受傷的人。

辛苦了！為慰勞大家，讓我請各位參加自然導賞團，欣賞景色吧！

嘩！這些天然噴水池真壯觀！

天然水泵現象

海蝕洞與吹蝕穴

海流帶動的沙礫沖向海岸邊，令岸邊底部的岩層長年累月被磨蝕和淘空，上層因失去支撐而塌陷，形成更巨大的海蝕洞。

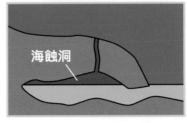

海蝕洞

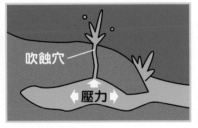

吹蝕穴

壓力

有些海蝕洞的裂縫會垂直延伸至岩層上方，開出一個通往地面的小洞，稱為吹蝕穴。當海浪湧入海蝕洞時，迅速提高洞內水壓和氣壓，水沿裂縫被壓向上方，形成噴泉。

▼澳洲東南海岸的天然名勝 —— 凱阿瑪噴水洞（Kiama Blowhole）。

Photo by Deeva Sood

蒸汽爆炸的水花：間歇噴泉

當水受熱變成蒸汽時，其體積約可膨脹 1700 倍。如果把水裝進密閉的瓶子並加熱，瓶內蒸汽愈多，瓶內壁承受的壓力就愈大，當瓶子承受不住壓力時便會爆開，令水和蒸汽四濺，這就是蒸汽爆炸。

Photo by Ronile

間歇噴泉的形成過程

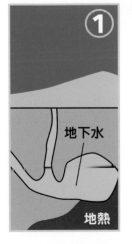

① 地下水

地熱

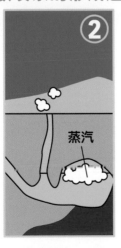

② 蒸汽

③ 壓力

▲冰島的史托克（Strokkur）噴泉，約 6 至 10 分鐘噴發一次，高達 20 至 30 米。

間歇噴泉便是在蒸汽爆炸中被炸上地面的水花。地下水在近乎密閉的地層匯集①，熔岩產生的地熱令水變成蒸汽並膨脹②，最終造成蒸汽爆炸，水和蒸汽瞬間沿地層縫隙擠出地面③。之後，地下水不斷流入地層，累積至足夠分量，就會再次因地熱而噴發，周而復始，故名間歇噴泉。

海豚哥哥自然教室

環保生態協會
Eco Association
www.eco.org.hk

動物

今期《兒童的科學》已邁進第 200 期了，恭喜恭喜！白海豚可說幾句嗎？

當然可以，祝願《兒童的科學》業績蒸蒸日上，更上一層樓！也祝「海豚哥哥自然教室」邁向第七週年快樂！

現在就來再次介紹我們的特性吧！

© 海豚哥哥 Thomas Tue

中華白海豚

香港的寶貝

中華白海豚（Chinese White Dolphin）也稱印度太平洋駝背海豚（Indo-Pacific Humpback Dolphin），其學名是 *Sousa chinensis*。初生時呈深灰色，長約 0.8 米，體重約 25 公斤，青年時期身上帶有灰色斑點。成年海豚的長度可達 3 米，體重可達 230 公斤，全身呈粉紅色。

© 海豚哥哥 Thomas Tue

▲▼中華白海豚是海洋哺乳類及溫血動物，以母乳餵大幼兒，並用肺呼吸。牠們也有很高的學習能力、溝通能力和複雜的情感。

© 海豚哥哥 Thomas Tue

© 海豚哥哥 Thomas Tue

▲中華白海豚睡覺時兩邊的大腦會輪流休息，永不會完全失去知覺。

如大家有興趣親眼看到中華白海豚，請瀏覽以下網址：
eco.org.hk/mrdolphintrip

牠們的頭上有氣孔，大約每 2 至 3 分鐘游上水面呼吸。額隆能發出超聲波，利用回聲定位探測水底世界。修長的嘴方便覓食捉魚，耳朵在下頜後部。背部隆起，背鰭短小，胸鰭內有指骨，尾鰭呈水平上下拍動游泳。

中華白海豚喜歡在近岸鹹淡水交界生活，主要吃黃花魚、獅頭魚、鯷魚、烏頭、九肚魚及鯪魚等。現在香港只餘下 37 條，主要分佈在香港西面水域，壽命估計可達 40 歲。

收看精彩片段，請訂閱Youtube頻道：「海豚哥哥」
https://bit.ly/3eOOGlb

海豚哥哥簡介

f 海豚哥哥 Thomas Tue

自小喜愛大自然，於加拿大成長，曾穿越洛磯山脈深入岩洞和北極探險。從事環保教育超過20年，現任環保生態協會總幹事，致力保護中華白海豚，以提高自然保育意識為己任。

又到聖誕，又到聖誕～

DEC 10

就買這張聖誕卡送給朋友吧～

科學 DIY

植物

正文社 YouTube 頻道

嘟一嘟在正文社 YouTube 頻道搜索「#200 DIY」觀看製作過程！

這張是自製的 3D 聖誕卡啊，不如我教你們自製一張吧！

3D 聖誕卡

Merry Christmas

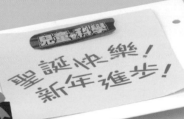

聖誕快樂！新年進步！

製作時間：30 分鐘

製作難度：★★☆☆☆

表面是張扁平的聖誕卡。

打開後，轉出繽紛聖誕樹！

13

製作方法

材料：紙樣、顏色紙（建議用大約 80gsm）、
硬卡紙（建議用大約 200gsm）、絲帶、其他裝飾

工具：漿糊筆、剪刀、
剠刀、打洞器

1 剪出一張 42cm x 15cm 的硬卡紙，如圖對摺。

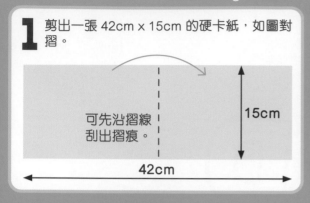

可先沿摺線
刮出摺痕。

15cm

42cm

2 如圖打洞，用來綁上絲帶。

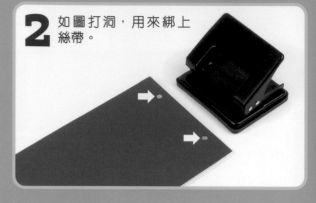

3 粗略剪出旋轉機關的紙樣，貼在一張啡色紙上，然後修剪。

有線條的一面向外。

4 沿着實線向內摺。

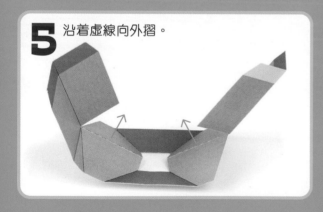

5 沿着虛線向外摺。

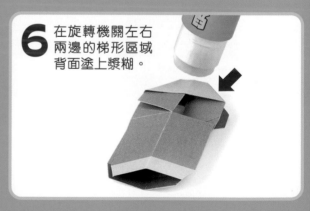

6 在旋轉機關左右兩邊的梯形區域背面塗上漿糊。

7 將旋轉機關貼在卡上。

只有梯形區域黏貼在卡上。

旋轉機關中間的摺線對準卡的摺痕。

8 將卡打開及合上，測試旋轉機關能否運作。

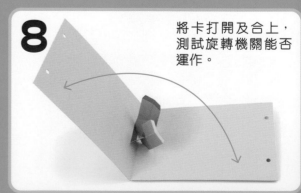

14

9 剪出聖誕樹紙樣，沿線屈摺。

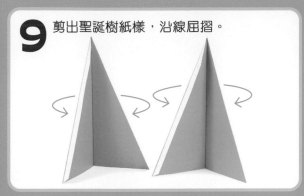

10 把 2 張聖誕樹紙樣分別接駁機關的兩邊。

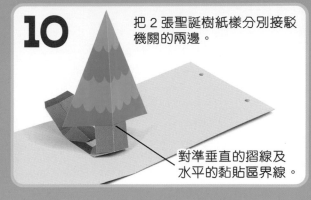

對準垂直的摺線及水平的黏貼區界線。

11 將聖誕樹兩邊併合。

12 貼上裝飾，再開合聖誕卡測試。

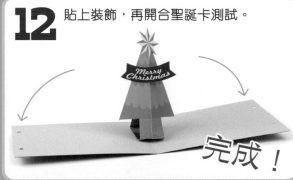

完成！

可自行在聖誕卡上加添裝飾，也可到正文社網站下載額外的裝飾紙樣！

額外裝飾

在下方的正文社網站下載額外的裝飾紙樣。
https://rightman.net/uploads/public/CSDownload/200DIY.pdf

13 額外紙樣同樣要貼在另一張紙上，增強其硬度。

14 禮物紙樣的其中一邊如圖黏貼。

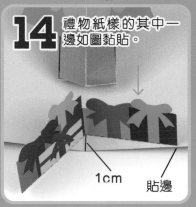

1cm　貼邊

15 壓平禮物紙樣，在黏貼處塗上漿糊，再合上聖誕卡來黏貼。

黏貼處

16 如圖貼上連桿紙樣及雪堆紙樣。

禮物紙樣及雪堆紙樣平行擺放，而且兩者都是垂直貼在卡面。

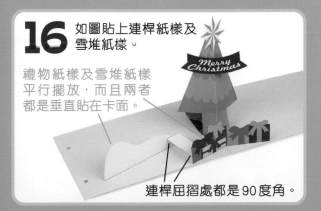

連桿屈摺處都是90度角。

17 在雪堆紙樣上可黏貼人物或其他裝飾紙樣，至於聖誕卡的其他部分亦可隨意修飾。

聖誕樹是甚麼樹？

在聖誕樹以人工物料製造之前，那通常是利用一棵常綠松柏植物如冷杉、雲杉、松樹等，再經裝飾而成。

冷杉

Photo by SKas/CC-BY-SA 4.0

雲杉

Photo by Jsayre64/CC-BY-SA 3.0

松樹

Photo by James St. John/CC-BY-SA 2.0

為甚麼有些松柏植物可保持常綠？

松柏植物的樹葉呈針狀，跟寬闊的樹葉相比，可供水分蒸發的面積非常細小。於是，到了寒冷乾燥的冬天，那些植物仍能保存足夠的水分來進行光合作用。

◀針狀的葉可減少水分流失，因此樹木毋須靠落葉來避免失去水分。不過，舊的針葉仍會每隔一段時間脫落，然後長出新針葉。

▶落葉植物的葉面寬闊，如果在冬天時不落下，會使植物蒸發過多水分而導致枯萎。

樹葉掉光後樹木怎麼辦？

如果樹木的葉都脫落了，就無法進行光合作用去生產作為「食物」的醣分，這樣樹木豈不是會「捱餓」？

其實，樹木會將部分醣轉化成澱粉質，儲存在根部及樹幹內的植物細胞。當樹不能產醣時，那些澱粉質可轉回醣分，以提供能量，這樣樹木就可支持到翌年春天再長出新葉。

為甚麼一定要選松柏植物作為聖誕樹？

因為聖誕樹很可能是在歐洲北部興起的，那裏冬天的時候，大概只有松柏樹不是光禿禿的啊！

紙樣

Merry Christmas

Merry Christmas

熊貓倫倫打開撲滿錢罌,發現舊硬幣滿佈斑駁的痕跡。於是他想清洗一下硬幣以便鑑賞,這時神探蝸利略就建議可用家中的調味料自製硬幣清潔劑!

清潔金屬前,要先弄清楚其材質,例如港幣就有以下幾種。

硬幣材質的奧祕

回復硬幣光澤

10 韓圜硬幣

清潔前 → 清潔後

2毫: 鎳音「捏」
黃銅鎳合金

1毫、5毫:
黃銅鍍鋼

1元、2元、5元:
紅銅鎳合金

10元:
外圍 —— 紅銅鎳合金
圓心 —— 黃銅鎳合金

磁鐵吸幣

硬幣盛水

▲ 澳洲硬幣 2 分

回復硬幣光澤

材料：有明顯污跡或變暗的舊硬幣、清潔劑。
工具：盛水器皿、牙刷、抹手紙，另可佩戴
口罩及手套進行實驗。

效果相若的
清潔劑：
• 辣椒汁
• 白醋及鹽
• 蕃茄醬
• 檸檬汁

使用辣椒汁

1 在硬幣表面滴下數滴辣椒汁，覆蓋整個幣面，等約 3 分鐘，可看到部分污漬溶於醬汁內。

2 用抹手紙抹去辣椒汁，用清水沖乾淨，即見硬幣變得明亮。

使用白醋及鹽

1 將整枚硬幣浸泡在醋中，或用綿花沾濕醋，包着硬幣，等約 3 分鐘。

2 取出硬幣，用清水沖走醋。

3 若還有明顯綠鏽，可在幣面加鹽，再用牙刷輕擦，便去除一些綠鏽。

⚠注意！

清潔硬幣前，須查清楚它屬於哪一種材質，因為不同金屬對酸性的反應都不同。例如把銀幣和銀器浸泡在酸性液體時，會產生化學反應而發黃或變黑，而醋的酸性很強，因此不能用來清潔銀幣。

黃銅硬幣
為何變色？

黃銅是指含鋅量逾20%的銅鋅合金，耐磨而且容易加工。

除了用於鑄造硬幣，黃銅也常見於生活用品上，例如西洋樂器、佛教法器、飾物及家具裝飾等。

我明明已妥善保存黃銅硬幣，為何它仍會變得黯淡無光？

除非把硬幣儲存在真空環境，否則它仍會因接觸到空氣而氧化。

黃銅長年接觸空氣，表面會形成一層氧化銅，呈黑或褐色，如果常接觸水和鹽（例如汗），就會形成綠色的碳酸銅，俗稱銅鏽。以純銅像為例，由於置於室外而常被雨淋，就會使它們容易變成青綠色。

▲清朝康熙年間（1661-1722）的黃銅錢幣。

空氣　水　汗

黃銅硬幣

氧化銅或碳酸銅

黃銅硬幣

▲日本奈良「春日大社」的銅製燈籠，長年受風吹雨打，氧化後佈滿綠色銅鏽。

清潔後變亮的原因

氧化銅不溶於水，但易溶於酸和鹼，因此用偏酸的醋或偏鹼的辣椒汁來浸泡黃銅或紅銅硬幣，其表面的氧化銅便會溶於酸或鹼液體中。用抹手紙刷走液體時，同時能令依附氧化銅的黑斑和污跡被一併移除。

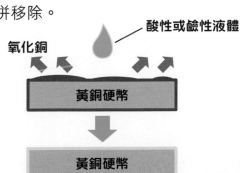

酸性或鹼性液體

氧化銅

黃銅硬幣

黃銅硬幣

▶綠色玻璃製品

氧化銅與藝術

氧化銅也被應用在藝術及化工業上，例如在陶瓷和玻璃的製作過程中加入氧化銅，於特定條件下燃燒，便會呈現綠色或紅色。

為何硬幣變紅色？

▲舊錢幣的表面及邊緣有一些偏紅斑點。

▲因浸在醋裏過久，中央幣圈部分嚴重腐蝕，露出銅本來的啡紅色。

哇～我把珍藏硬幣浸在醋內，部分幣面竟然變了粉紅色！

因為你把黃銅硬幣浸在酸性液體的時間太長了！

純銅本是啡紅色，加入鋅就成了黃銅，呈現偏黃色。所以含鋅量愈少，黃銅的顏色就愈接近啡紅。

如果黃銅中的鋅長期接觸空氣，便會形成氧化鋅。它能溶於酸。因此，當黃銅硬幣長期泡在酸性的醋中，硬幣的含鋅量便會減少，使幣面呈現啡紅色。

用磁鐵吸硬幣

材料：1毫、5毫及其他面值的香港硬幣。
工具：磁石。

為何不是所有硬幣都能被吸起？

紅銅鎳合金及黃銅鎳合金都不帶磁性，但1993年後推出的5毫及1毫硬幣材質為黃銅鍍鋼，因鋼具有磁性，故能被磁石吸起。

試用磁石吸起各種港幣，只有1毫和5毫可被吸起呢。

可吸起的1元

由於紅銅鎳合金硬幣的成本較高，政府曾轉用鍍鋼來製造1993年的1元硬幣，但由於汽水機等機器無法辨識，遂改回用紅銅鎳合金鑄造。這令1993年版1元成為罕有地可用磁石吸起的1元硬幣。

硬幣面載水

不妨邊滴邊數，滴了多少次水後，水才從硬幣面上溢出？

材料：1 元或 5 元港幣。
工具：滴管（或飲管）、水、碟子。

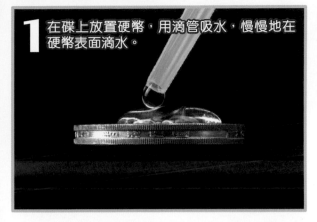

1 在碟上放置硬幣，用滴管吸水，慢慢地在硬幣表面滴水。

2 從側邊觀察硬幣表面，積水可以比硬幣本身更厚。不斷慢慢滴水，直至水溢出幣面。

水的內聚力

第 184 期「科學實驗室」提及水的表面張力能托起膠片與萬字夾。這個實驗則示範了水在小小的硬幣面，也有強大的內聚力！

水分子之間有着吸引力，因而聚在一起。但水的表層上面只有空氣，所以水分子只能橫向及向下跟其他水分子互相吸引，形成一種抓着水滴的內聚力，於是在硬幣上撐起超乎想像的體積。

只是，當水滴積累到表面張力及內聚力都沒法支撐時，水就會溢出硬幣表面。

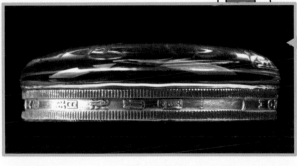

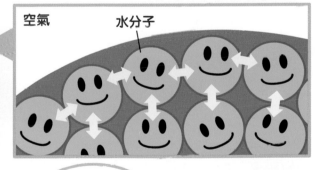

空氣　　　水分子

可浮起的硬幣

1 日圓硬幣不可沾濕，才可浮在水面。

　　為避免硬幣的金屬材質價值大過面額，出現市場囤積轉賣圖利，低面額貨幣通常會選用廉宜的金屬鑄造。例如日本的 1 日圓硬幣（約港幣 7 仙）以鋁金屬製成，重量僅 1 克，足以浮在水面。

　　至於香港硬幣中最輕的 1 毫，因水的表面張力不足以支撐其黃銅材質及接近 2 克的重量，所以不能浮起。

讀者天地

不經不覺，今個月已是兒科第 200 個月啦～可喜可賀！

給編輯部的話 希望刊登
1-10分 請評分

蘇銘欣

給編輯部的話
請評分
1-10分
居兔夫人
兒科加油

吳家瑜

陳懿瞳

給編輯部的話
兒科加油
請評分：(1-100分)

謝謝大家用心繪畫的作品呢～我覺得都值滿分！

劉雨晴

給編輯部的話
雖然我從今期開始沒有訂教材版，但是我也會和家人一起學習原理，分享想法。另外，請問有沒有出海豚哥哥自然教室單行本？（希望刊登）請評分（1-10）

欣賞你跟家人一同學習，這樣可以討論不明白的地方！「海豚哥哥自然教室」主要是以專欄形式跟大家見面，暫時沒有單行本，謝謝你的支持！你畫的小 Q 不錯呢，給你 9 分！

范語喬

給編輯部的話 希望刊登！
今期的科學Q & A 很搞笑啊！Mr.A 這次又受苦了！但他被地球人當作無名英雄！

哈哈……不過要是大家知道 Mr. A 本來的陰謀，就不會覺得他是英雄了……吧。

電子信箱問卷

Alex Pang

《科學大冒險》甚麼時候再出書？?_?

《科學大冒險》第 6 集預計於 2022 年中推出，敬請密切留意！

Jonathan Chow

我都有看電視，知道中華白海豚受快艇的影響，希望現在不會有更多快艇在他們的棲息地出沒。

地

所以我們今後也要多關注中華白海豚的狀況啊。

福爾摩斯 精於觀察分析，曾習拳術，是倫敦最著名的私家偵探。

華生 曾是軍醫，樂於助人，是福爾摩斯查案的最佳拍檔。

科學鬥智短篇 52
魔犬傳説 (2)

厲河=改編 月牙=繪

柯南·道爾=原著 陳沃龍、徐國聲=着色

上回提要：

　　巴斯克維爾家的先祖雨果個性兇殘，但因強搶民女而被荒野出沒的魔犬咬死。自此，巴斯克維爾家代代男丁多人死於非命，據傳皆與荒野中的魔犬有關。福爾摩斯接報，查爾斯·巴斯克維爾爵士在其莊園的林蔭小徑上離奇斃命，其身旁更留下了巨大的犬爪，令人懷疑也是與魔犬作惡有關。爵士的朋友莫蒂醫生指爵士的侄兒亨利已抵達倫敦，請求福爾摩斯向這位遺產繼承人提供意見。在送走莫蒂醫生後，福爾摩斯向華生提出幾個疑點，認為魔犬出沒的時機令人生疑，而爵士深夜約人在荒野旁的小徑上見面也不合常理，更認為魔犬這種超自然的靈異現象背後隱藏着重重殺機……

　　道出案子的疑點後，福爾摩斯又回復平常那樣，**一動不動**地靠在椅子上抽煙斗。不一刻，他才抬起頭來問道：「華生，今天是星期日，你要**外出**嗎？」

　　「想出去買點東西，你需要幫忙的話，我可以留在家中。」

　　「不必了。」福爾摩斯搖搖頭，「在正式行動之前，我還用不着你。不過，你路過雜貨店時，可以給我買一磅煙絲嗎？還有，你最好不要在黃昏前回來，我得花點時間**專心一致**地分析一下手上的信息。」

　　「好的。」華生知道這個時候應該讓老搭檔獨處，就識趣地離開了。他到俱樂部消磨了整個下午，到了晚上才回到**貝格街**。

不過，他一打開門，就大吃一驚，只見客廳中**濃煙密佈**，還以為自己闖進了火災現場。

在煙霧中，華生看到一個人影在燈光中顯現出模糊的輪廓，不用説，那當然是我們的大偵探福爾摩斯。

「**咳咳咳！**」華生被濃煙嗆得不禁連咳數聲。

「華生，你得了感冒嗎？」

「你還敢説？怎麼把客廳變成了**毒氣室**？」

「毒氣室？這麼説來，確實有點輕煙在飄動呢。」

「甚麼有點輕煙！簡直就是濃煙密佈，令人呼吸也困難啊！你再這樣吸煙的話，一定會得**肺癌**死掉！」

「是嗎？那麼快去開窗吧。」福爾摩斯癱在椅上不動，懶洋洋地説，「你這個人好悶啊，居然整天都呆在俱樂部。」

「你怎知道的？」華生打開窗後，使勁地撥開面前的煙問道。

「不是嗎？你出門後，下午下了場大雨，馬路上一定到處**泥濘**，你要是整天在外跑的話，褲腳和鞋子一定會被**沾污**。」

沾污　　　乾淨

福爾摩斯瞄了一眼華生，「可是，你全身**乾乾淨淨**，毫無疑問是整天都呆在室內。今天是星期天不用上班，你又沒有甚麼朋友，不呆在俱樂部還有何處可去。我説得對嗎？」

「這也太明顯了吧。何須大偵探一一分析呢？」

「嘿嘿嘿，不**細心觀察**的話，就算非常明顯的事情也不會有人注意啊。」福爾摩斯話鋒一轉，反問，「你看看我，知道我去過甚麼地方嗎？」

華生打量了一下福爾摩斯，説：「你甚麼地方也沒去，就一直呆在這裏。」

「正好相反，我到**德文郡**去了。」

「怎可能？難道是你的靈魂去了？」

「正是。」福爾摩斯坐直身子，**一本正經**地說，「你走後，我派小兔子去斯坦弗警局借來了巴斯克維爾莊園附近的**地圖**。我的靈魂就在地圖上遊走了一整天，已對那兒的地理環境**瞭如指掌**了。」

「真的？」

福爾摩斯打開地圖，指着中間的部分說：「這兒就是巴斯克維爾莊園。」

「四周都被樹林圍繞着呢。」

「是的，雖然沒有註明，但我看這條就是**紫杉小徑**，它的右邊就是那片**荒野**。」福爾摩斯在地圖上邊移動着指頭邊說，「這些聚在一起的房子是**格林盆村**，莫蒂醫生住在這兒。在5哩的半徑範圍還有幾所房子，這是莫蒂醫生提過的**賴福特莊園**，它的主人是脾氣古怪的**弗蘭克蘭**先生。那位博物學家**斯特普頓**先生的住所不明，但估計也是住在這裏的其中一所房子。」

「這地圖繪畫得好仔細呢。」

「還有，14哩外的這棟建築物是**王子鎮的監獄**，關着不少重犯。看了這幅地圖，就算尚未去過那裏，大概也想像得到人們在**怪石嶙峋**的荒野上擇地而居，而且被星羅棋佈的沼地隔開，簡直就是上演悲劇的最佳舞台。」

「要是真有魔犬的話，一定是齣令人**毛骨悚然**的悲劇。」華生不禁打了個寒顫。

「嘿嘿嘿，毛骨悚然嗎？這齣戲已為我們準備了兩個角色啊。」福爾摩斯試探地問，「你已準備好出演嗎？有我們的話，或許能把它的**悲劇色彩**減輕一些呢。」

一宿無話，第二天早上10點正，莫蒂醫生帶着年輕的爵士來到。

爵士**眉清目秀**，身體結實，臉容精悍，是個充滿自信的英俊男兒。

華生注意到，他那一身棗紅色西裝看來是全新的，與那雙在**日炙風吹**下顯得有點殘舊的**皮鞋**並不相襯。

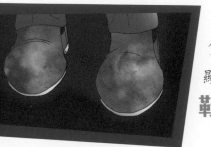

「這位就是**亨利·巴斯克維爾爵士**。」莫蒂醫生向兩人介紹。

「久仰大名。」亨利向福爾摩斯說，「其實，就算莫蒂醫生沒叫我來找你，我自己也肯定會來。因為我聽聞你**洞察秋毫**，一眼就可看穿一些叫人感到莫名其妙的事。例如，我今早就遇上了一樁。」

「請坐吧，巴斯克維爾爵士。請問是甚麼事呢？」

「不要客氣，叫我亨利吧。」亨利說着，掏出一封信放在桌上，「就是這個，今早收到的，可能只是個惡作劇。」

華生看到，那是個很普通的**灰色信封**，上面寫着「Sir Henry Baskerville Northumberland Hotel」（諾桑伯蘭酒店 亨利·巴斯克維爾爵士收），郵戳是昨天蓋的，上面印着「**Charing Cross**」（查林十字街）。

福爾摩斯拿起信封檢視了一下，說：「信封上的字跡有點潦草呢。亨利爵士，請問有人知道你訂了諾桑伯蘭酒店嗎？」

「沒人知道啊，我是在車站見到莫蒂醫生後才決定的。」

「那麼，莫蒂醫生，你來倫敦時常住這間酒店嗎？」

「不，我通常在朋友家居住。」莫蒂答道，「入住諾桑伯蘭酒店是**臨時決定**的，沒有人會預先知道。」

「這麼說的話，有人非常關心你們的**一舉一動**呢。」福爾摩斯說着，用鑷子把折了一折的半張信紙取出，再舉起來看了看，然後**小心翼翼**地把它打開鋪在桌上。

「啊……」華生看到信後，不禁低聲驚叫。因為，信中的警告字句是用**剪貼字**黏貼而成的，手寫的只有「moor」（沼地）一詞。

「這究竟是怎麼一回事呢？是甚麼人對我這麼感興趣呢？」亨利問，「福爾摩斯先生，你或許能告訴我吧。」

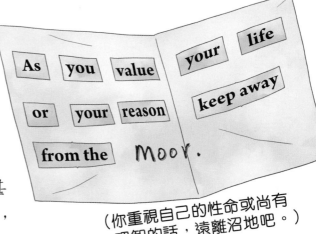

（你重視自己的性命或尚有理智的話，遠離沼地吧。）

「先別急，我們得**抽絲剝繭**地分析，才能逐步逼近真相。」福爾摩斯說，「首先，信紙很普通，沒有水印，難以追蹤出處。但從郵戳的時間可推論出，信上的字應是從昨天的《**倫敦時報**》上剪下來的。」

「為甚麼是《倫敦時報》？不可以是其他報紙嗎？」莫蒂醫生問。

「《倫敦時報》的讀者多是知識分子，用的字體很講究，與一般三流小報的**粗製濫造**不可相提並論。單看字體和印刷的精細度，就知道信中的剪貼字來自《倫敦時報》。況且，這是該報**評論欄**專用的字款，一眼就能認出來了。」

「是嗎……？」莫蒂醫生有點**半信半疑**。

「這裏有一份昨天的《倫敦時報》。」未待福爾摩斯開口，華生已把報紙找來了。

福爾摩斯翻到評論欄那一頁，仔細地看了一遍，說：「你們看，就是這裏了。那些剪貼字都是從這篇評論**自由貿易**的文章中剪下來的。」

亨利和莫蒂湊過頭去看，很快就找到了「value」、「life」、「reason」和「keep away」這幾個字，至於「you」、「your」、「or」等日常用字，不用找也輕易地看到了。

「太厲害了！」亨利驚歎，「可是，那個手寫的『moor』字又怎樣說明呢？」

「原因很簡單呀。」福爾摩斯一笑，「『moor』不是常用詞，要在報紙中找出來並不容易啊。」

「這倒也是。」

「此外，這些字都是用指甲鉗內的小剪刀剪下來的。」福爾摩斯指着其中一個剪貼字「keep away」邊沿上的小瑕疵說，「你們看，這個片語動詞長了一點，一刀剪不下，要剪兩下，證明寫信者用的剪刀很短。除了指甲鉗內的小剪刀外，實在想不出其他。」

keep away

「厲害！」亨利再次讚歎。

不過，他馬上又以挑戰的語氣問：「知道這個又有甚麼用呢？」

「嘿嘿嘿，當然有用。」福爾摩斯狡黠地一笑，「請想像一下，如果有一般的剪刀，你會用指甲鉗的剪刀來剪報紙嗎？」

「當然不會，剪刀太短，剪報會非常麻煩。」

「那麼，這就說明，寫信者身邊沒有一般的剪刀，只好用隨身攜帶的指甲鉗內的小剪刀了。」

「這麼一來，就可確定一點──此信不是在家裏或辦公室裏剪貼的。因為，這兩個地方很易找到剪刀。」華生為老搭檔補充道。

「單憑這一點，我們已可縮窄寫信者身處的範圍了。」福爾摩斯說完，用鑷子小心翼翼地剝下其中一個剪貼字，用放大鏡檢視了一下其背面的漿糊，又放到鼻子下面嗅了嗅。

「哈！有趣。」福爾摩斯翹起嘴角一笑。

「怎麼了？不是普通的漿糊嗎？」亨利問。

「不，這是**飯糊**，雖然已乾了，但還殘餘着一點**黑松露意大利燉飯**的香氣呢。」

「甚麼？用黑松露意大利燉飯來當漿糊？」亨利大感意外。

「現在看看貼郵票用的是甚麼吧。」福爾摩斯剪下郵票，放到一杯溫水中泡了一會，再用鑷子把**郵票**從紙上輕輕剝下來。

「郵票是用**膠水**貼的。」細心檢視了一下後，福爾摩斯又看了看信封的封口，説，「封口很平滑，也是用膠水貼的。」

「寫這封警告信的人太有意思了。」莫蒂醫生感到不可思議，「用**飯糊**來黏貼**剪貼字**，但貼**郵票**卻用**膠水**，究竟為的是甚麼呢？」

「華生，你有甚麼看法？」福爾摩斯問。

華生想了想，答道：「一般來説，只有意大利餐廳和家裏才能煮黑松露意大利燉飯。不過，剛才分析剪刀時，已排除了在家中剪貼此信的可能性。那麼，餘下的只有**意大利餐廳**了。」

「很好。」福爾摩斯讚道，「不過，我相信寫信者不會在餐廳內叫一客意大利燉飯，然後**堂而皇之**地剪貼這種信吧。所以，我們可肯定，此信不是在餐廳裏黏貼的。」

「不是家又不是餐廳，還有甚麼地方呢？」亨利完全摸不着頭腦。

「餐廳，最終還是餐廳。」

「福爾摩斯先生，恕我得罪了。」亨利説，「你好像有點**前言不對後語**啊。」

「嘿嘿嘿，怎會呢？我説的只是此信不會在餐廳內黏貼罷了，沒説燉飯不是在餐廳內煮的呀。」福爾摩斯莞然一笑，接着**一語道破**，**「酒店！**答案是酒店。因為，酒店中有餐廳，房客可以利用送餐服務，讓侍應生把燉飯送到房間。」

「啊……！」亨利恍然大悟，「這樣的話，他可以在房間內施施然地用飯糊黏貼警告信，不怕被人看到了！」

「沒錯，正是如此。」福爾摩斯説，「當他黏貼完警告信後，

寄信時，就可走到**前台**借用膠水為信件封口和貼上郵票了。畢竟，

飯糰的黏性較弱，要是封口不牢，在投寄後信件掉了出來，會引起不必要的麻煩。」

「有道理。」亨利說，「這麼一來，就可斷定寫信者和我一樣，是**酒店的住客**。」

「不，這只是判斷的其中一個線索。」福爾摩斯指着信封說，「你們仔細地看看，地址和名字都寫得**斷斷續續**的，可以看出墨水筆的筆尖已有點**分叉**了。此外，寫一個這麼短的地址，居然斷了三次墨，這顯示墨水瓶也差不多乾了。」

「啊！我明白了！」亨利興奮地說，「酒店的住客對免費的鋼筆大都用得很粗暴，所以**筆尖**常是**開叉**的。酒店為了省錢，也不會把墨水注滿。由此推斷，可知此信是在酒店房間內剪貼而成的，證明寫信者是酒店的住客。」

「對，正是如此。」福爾摩斯總結道，「每個剪下來的字都很細小，黏貼起來相當麻煩。不過，句子卻貼得**整整齊齊**，顯示出寫信者的性格**謹小慎微**，心思相當慎密。他特意發出這個警告，已證明無意加害於你，否則不會寫信**打草驚蛇**。」

「但不管怎樣，為了查清楚他的目的，必須把他找出來問個究竟！」亨利**毅然決然**地說。

「對了，你來到倫敦後，還有沒有遇到甚麼值得注意的事呢？」福爾摩斯問。

「沒有呀。昨天在酒店放好行李後，我和莫蒂醫生去百貨公司買了些**新的衣服鞋襪**，吃過晚飯後就睡了。」

「啊？倫敦的衣服比加拿大便宜嗎？」福爾摩斯好奇地問。

「不，我在加拿大經營農場，是個**鄉下人**，並不講究衣着。來到倫敦，加上又要以**爵士**身份回鄉，總得穿得體面一點。」

「是嗎？那麼你為何換了全新的衣服，卻穿着一對傷痕累累的**舊皮鞋**呢？」福爾摩斯有點冒失地問。

「果然是福爾摩斯，他也注意到了。」華生心想，「不過，問得這麼直接，似乎太過無禮啊。」

「啊！這個嗎？」亨利毫不介意地回答，「其實鞋已買了，本來今早是要換上新的，卻沒想到**被人偷了一隻**。」

「甚麼？偷了一隻？」福爾摩斯訝異。

「是啊。我昨夜睡前把鞋交給服務員，吩咐他為我上上油擦一擦。服務員說擦好後會放在門外，但我今早起床去拿時，卻發現只剩下一隻。」

「我估計不是被偷，只是放錯了地方。」莫蒂醫生說，「酒店一定會找回來的，不用擔心。」

「嘿嘿嘿，不成一對也**得物無所用**啊。」福爾摩斯別有意味地一笑，「我和莫蒂醫生的看法一樣，那隻鞋很快就會**物歸原主**的。」

「那麼，我們下一步該怎辦？」亨利問。

「你會聽從剪貼信的警告嗎？」

「不會！如被這種警告嚇倒的話，實在太**窩囊**了，我不是這種人。」

「很好。」福爾摩斯笑一笑，說，「你知道我的收費很貴吧？」

「沒關係，為了查出『魔犬傳說』和伯父遇害的真相，我願意支付。」

「太好了！」福爾摩斯精神為之一振，「不過，我待會有點事要處理，你們先回酒店，中午過後我和華生來與你們共晉午餐，到時再**從長計議**吧。對了，要為你們叫輛車嗎？」

「不必了，我想先逛逛街才回去。」說完，亨利就與莫蒂醫生一起告辭了。

兩人走後，福爾摩斯閉上眼睛，懶洋洋地吐了幾口煙。不一刻，他又突然從沙發上彈起來，大叫一聲：「**華生！走！**」

「**哇！**給你嚇死了。」華生訝異，「怎麼啦？」

「先別問，要快！」說完，福爾摩斯一手拉着華生就走。

福爾摩斯兩人**三步併作兩步**地衝下樓梯走到街上。

「在那邊！」福爾摩斯往牛津街的方向指去，只見亨利爵士與莫蒂醫生正在前面的不遠處。

「要叫住他們嗎？」華生問。

「不，只須**不動聲色**地跟着他們就行了。」

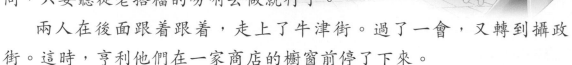

「**為甚麼——**」華生話到口邊，又吞了回去。他知道，現在最好甚麼也別問，只要聽從老搭檔的吩咐去做就行了。

兩人在後面跟着跟着，走上了牛津街。過了一會，又轉到攝政街。這時，亨利他們在一家商店的櫥窗前停了下來。

「噓！」福爾摩斯輕聲提示，叫華生往停在對面馬路的**一輛馬車**看去。

亨利兩人在櫥窗外看了一會之後，又開步繼續往前走。同一瞬間，華生看到，那輛馬車也緩慢地開動了。

「啊，馬車好像在**跟蹤**亨利爵士他們。」華生低聲說。

「來，我們悄悄地走過對面，看看車裏的是**何方神聖**。」

兩人走近馬車時，突然，車頂的天窗「啪噠」一聲打開了，車內的人向馬車夫喊了句甚麼，馬車就突然加速，沿着攝政街狂颷。

「**糟糕！**」福爾摩斯奮力地追去，可是追了幾十碼後，馬車愈去愈遠，他只能眼巴巴地看着馬車**絕塵而去**。

「剛才看到了車內是甚麼人嗎？」福爾摩斯回過頭來，向追上來的華生問。

「是個留着**絡腮鬍子**的男人，他戴着氈帽，看不清楚容貌。」

「是的，我也只看到他的絡腮鬍子非常濃密，但帽檐的黑影掩蓋

了他的容貌。」福爾摩斯有點懊悔地說，「這次**操之過急**，我應該叫輛馬車暗中跟着他，看看他在哪裏下車。這樣的話，就能知道他是甚麼人了。」

「可惜，我沒記住**車牌號碼**。你有記住嗎？」

「你以為呢？我當然記住了，是2704呀。」

「厲害，在**電光石火**的一刹那，也讓你記住了。」

「但此人也非常精明，竟僱了輛馬車來跟蹤，**一來**可以遮掩樣貌；**二來**也可迅速逃走；**三來**要是亨利爵士乘馬車離開的話，他還可馬上進行追蹤呢。」

「對了，你怎知道有人乘馬車跟蹤亨利爵士的？」

福爾摩斯沒好氣地說：「我剛才不是說過，有人很關注爵士的**一舉一動**嗎？此人一定是通過跟蹤，才得悉爵士住進了諾桑伯蘭酒店呀。所以，在家中跟爵士談話時，我曾兩次走近**窗邊**，看看樓下有沒有可疑的人，卻只看到那輛**馬車**停在路邊。」

「明白了。」華生說，「你叫爵士兩人先走，其實是來一招**螳螂捕蟬，黃雀在後**，利用蟬（爵士）引螳螂（馬車）暴露行蹤吧！」

「沒錯，可惜我這隻黃雀卻**坐失良機**，被螳螂逃去了。」福爾摩斯說到這裏，忽然笑道，「哈，正想去找曹操，沒想到曹操就到。」

華生抬頭一看，原來是**小兔子**正百無聊賴地朝他們這邊走來。

「小兔子，有空嗎？」福爾摩斯問道。

「**開玩笑！**你沒看見嗎？我正在趕路，忙得要死啊。」

「忙甚麼呀？」

「還用問嗎？當然忙着找人玩**解解悶**啦！」

「太可惜了，還想讓你賺些外快呢。」

「甚麼？」小兔子慌忙停下腳步。

「外快，是外快啊。你忙的話，就算了。」福爾摩斯掏出一個金幣，用拇指「**叮**」的一下把

它彈到半空中。

「**開玩笑！**這外快我賺定了！」小兔子用力一
蹬，再伸長右臂往空中一抓，金幣已落入他的手中。

「好身手！」福爾摩斯讚道。

「哎呀，我很忙的呀！**廢話少説**，有甚麼
任務呀？」小兔子**老氣橫秋**地問。

「聽着，查林十字街附近有5家酒店，你先
花一個先令打賞它們的門僮，説想從廢紙中找一
份昨天被剪過的《**倫敦時報**》，還要説找到的話就
出一個金幣把它買下來。明白嗎？」

「甚麼？一份舊報紙也值一個金幣？還要買剪過的？不如
我給你買一份**新**的吧。」小兔子**自作聰明**地提議。

「傻瓜！我買舊的當然有原因！」福爾摩斯喝罵，「記住，我要剪
過的，沒剪過的不要！不管能否找到，今晚也要回來把結果告訴我！」

説完，福爾摩斯從記事本撕下一張紙，寫上了那5家酒店的地
址，並把五個先令和一個金幣塞到小兔子手中。

「哎呀！行啦！行啦！給你買回來就是了！」小兔子説完，就一
陣風似的跑走了。

看着小兔子走遠了，華生問：「我知道你想通
過那份被剪過的報紙找出疑人，但查林十字街附近
至少也有20家酒店，為何選定了那5家？」

「黑松露意大利燉飯呀，只有那5家酒店的餐廳
才有供應。」

「你怎知道的？難道你連酒店的餐單都記熟
了？」華生感到不可思議。

「我才不會這麼無聊呢。」福爾摩斯説，「記得兩個月前的**毒蘑
菇案**嗎？有不法商人把毒蘑菇冒充**黑松露**賣給酒店的餐廳，我當
時作過深入調查，知道那附近只有5家酒店把**黑松露入饌**。」

華生佩服地歎了口氣，説：「你的記性太好了，我實在無話可説。」

「**好了！**還有兩個小時，我們去美術館逛逛打發一下時間，然
後再去找亨利爵士請吃飯吧。」

兩人看完一位比利時大師的畫展後，來到了諾桑伯蘭酒店。福爾摩斯在上樓前，到前台打聽了一下昨天入住的客人，但沒有一個是留着**絡腮鬍子**的。

　　「你認為那個神秘人也會住在這家酒店嗎？」上樓時，華生問。

　　「想查證**一個問題**罷了。」

　　「甚麼問題？」

　　「看看亨利爵士或莫蒂醫生是否認識那人。」福爾摩斯解釋道，「如不認識，那人為**方便跟蹤**，極有可能入住這裏。反之，就會避開這家酒店，以免碰到時被**識穿身份**。現在看來，他與亨利爵士或莫蒂醫生是認識的。不過，亨利爵士長居加拿大，他在倫敦認識的人應該不多。所以，我懷疑那人害怕碰到的是莫蒂醫生。」

　　「這麼說的話，我們對莫蒂醫生身邊的人都不能不防呢。」

　　說到這裏，兩人已來到亨利爵士住宿的樓層。無獨有偶，只見亨利提着一隻沾滿塵土的**舊高筒皮鞋**，氣急敗壞地向他們走來。

　　「怎麼了？還在找**皮鞋**嗎？」福爾摩斯問。

　　「太氣人了，非找不可！」

　　「可是，你失去的不是一隻**新鞋**嗎？」

　　「昨天是新鞋，今早卻是舊鞋！**我不見了一隻舊鞋啊！**」

　　「甚麼？」華生訝異萬分。

下回預告：亨利爵士前後失去一隻新鞋和舊鞋，偷鞋者有何目的？福爾摩斯派華生與亨利爵士一起回鄉，自己卻調查其他案子去了。華生繼《鬼手仁心》後，又一次獨挑大樑，深入虎穴力敵邪惡罪犯！

開心禮物屋

兒童的科學 送大禮
第200期

38

科技

電視遊戲主機如 PS5 等須連接專用手掣才能遊玩,但在未來,香蕉或許也能是電子遊戲控制器呢!

知名品牌 Sony 的電腦娛樂部門在 2021 年獲批一項技術專利,創下手掣的新定義。

遊戲機配香蕉手掣

未來的愛因獅子家

愛因獅子,你的遊戲手掣呢?沒手掣怎樣打電視遊戲機?

我們可以用香蕉來代替手掣啊!

這項新技術能讓玩家透過智能手機等工具拍攝物件,程式分析其形狀後,由玩家決定按鍵位置。

而且,系統會感應手指是否按壓在指定位置上,並反映到遊戲中。

只是,此技術仍在理論層面,預計多年後才進入實用階段。

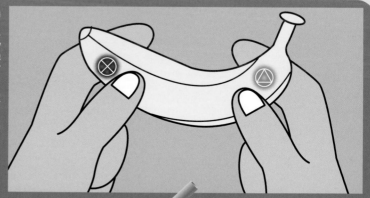

好處1
適合不同手形

玩家能選擇適合自己手形的物品來遊玩,例如手掌大或手指粗的人可選尺寸大的物品,這樣就玩得更暢快。

好處2
減少電子垃圾

多買一個手掣就等於將來多一件電子垃圾。新技術利用日常生活的物品,這樣毋須另買手掣也能玩遊戲,相對環保。

《兒童的科學》
創作組＝編
Yuthon＝插畫

誰改變了世界？

遺傳學的奠基者
孟德爾

　　兩名身穿袍服的**修士**在園圃內悠閒地散步。二人走着走着，來到了一排**棚架植物**前。

　　年輕的修士讚歎道：「嘩！這裏有很多**豌豆**，而且品種各有不同，足夠我們吃數個月了！」說着就伸手摸摸那些綠色的長形豆莢。

　　「你初到這兒才**有所不知**。」年長修士提醒，「這些豌豆都是院長的重要**實驗品**，別隨便吃啊。」

　　「實驗品？」對方不明所以。

　　「他想知道每一代**繁殖**出來的豌豆特徵有甚麼不同。」

　　「這樣做有甚麼**好處**啊？」

　　這時，一個聲音打斷二人對話。

　　「其中一個好處就是，或許能解開為何我們能種出**優良品種**的豌豆呢。」

　　一個有點圓胖、戴着眼鏡的**老神父**走近二人。

　　「孟德爾院長。」年長的修士輕輕向對方鞠躬道。

　　「院長的實驗還要做多久啊？」年輕修士有點**嘴饞**地問，「這麼多豌豆，不吃就很**浪費**呢。」

　　「哈哈哈，快了快了。」孟德爾拍拍對方的肩頭笑道，「我已記錄大部分**數據**，完成分析後，就將那些豌豆交給廚子料理吧。」

「太好了！」

格雷戈爾・約翰・孟德爾 (Gregor Johann Mendel) 雖為神職人員，卻也從事各項科學研究。當中他藉着種植豌豆，嘗試解開生物繁衍的奧秘，並由此奠定**近代遺傳學**研究的基礎。

貧窮的學習過程

1822年，孟德爾生於奧地利帝國的亨奇采村*，有一個姊姊與一個妹妹。父親原是一名軍人，後來歸隱田園當上了**農夫**，以種植果樹及飼養蜜蜂和馬匹為生。由於家中**不富裕**，所以小時候的孟德爾須到農場幫忙工作。

孟德爾自小天資聰穎，校內**成績優異**，深得老師讚賞。後來他被引薦至遠處的預科中學就讀，展開寄讀生活。為了支付高昂的學費，父母**省吃儉用**，他也靠着替同學補習功課，或兼職擔任**家庭教師**，增加收入。

只是到他中學畢業時，因該年農作物歉收，家中陷入困境。他亦找不到家教工作，感到**前途茫茫**。結果在**心力交瘁**下病倒了，只好回家休養，無法繼續升學。

及後幸得姊妹們幫忙，為孟德爾帶來一絲**曙光**。那時姊姊韋羅妮卡剛結婚，其丈夫答應買下孟德爾家的農場，並資助舅弟讀書及生活的費用，但附帶一個條件，就是孟德爾須以成為**聖職人員**為業。另外，妹妹特蕾西婭更以部分**嫁妝**幫助兄長。

1841年，得到家人支持的孟德爾前往奧洛摩次*哲學院上大學先修課程，學習物理學、數學和哲學。2年後，他就遷至**聖多默隱修院***，成為一名**實習修士**。他在修道院內生活，毋須再為衣食擔憂，亦透過年長修士學到更多知識。其間，他對**農業**與**自然科學**的

42　*亨奇采村 (Hynčice)，位於今天的捷克東部。　　　*奧洛摩次 (Olomouc)，位於今天的捷克東部。
*聖多默隱修院 (St Thomas's Abbey)，創建於14世紀，位於捷克布爾諾市，現時修道院裏設有孟德爾博物館。

興趣較大，除了學懂種植蘋果或葡萄等水果，亦習得如何利用**人工授粉**培植優良的農作物。他又時常入迷地觀看修道院圖書館的**植物標本**，以求獲得啟發。

另外，修士也須做世俗工作。孟德爾希望成為一名**教師**，在教導學生之餘也能抽空進行科學研究。後來他獲修道院長推薦，在茲諾伊莫*的中學任教古典語文與數學，只是因未取得**正式教師資格**，故此薪水較低。

於是，孟德爾決定參加教師認證考試。他一邊工作，一邊讀書，導致準備時間不足，在論文撰寫的部分並沒被考官核准通過。到面試當天，他又因故遲到了，考得不甚理想，最終**鎩羽而歸**。

不過他並沒氣餒，經修道院長幫助，1850年到**維也納大學**進修，為日後的研究工作打下良好的**基礎**。他師從多普勒*，學習以**數學**分析各種事物。另外，他亦從其他教授學到許多有關**植物構成**與**遺傳**的知識。

豌豆的啟示

1853年孟德爾於大學畢業後，就到一所中學教授物理及博物學。他**教學認真**，與人**和善親切**，有問必答……

「大家明白了嗎？有沒有問題？」孟德爾站在講台向學生問道。

一個學生舉手說：「老師，我有個問題……」

「**鈴**……」

他話未說完，下課的鈴聲就響起來了。

「不要緊，你**繼續說**。」孟德爾朗聲道，「其他同學可先行離開，我們明天見！」

「對了，上次**測驗不及格**的同學也請

---

*茲諾伊莫 (Znojmo)，位於今天的捷克南部。
*克里斯蒂安・安德烈亞斯・多普勒 (Christian Andreas Doppler，1803-1853年)，奧地利數學家與物理學家，於1842年提出著名的「多普勒效應」。

留下來吧。」他又補充說，「我們來討論一下那些答錯的題目。」

他在1855年再次參加教師認證考試，可惜卻因患病而**失之交臂**。此後他專注於鑽研科學，其中最重要的就是**遺傳學研究**。

為何孩子會繼承父母的部分特質，但彼此又不完全相同？自古以來許多學者提出各種假設，但只提及父母的生殖物質令其後代擁有相近的**性狀特徵**，卻並未解釋箇中原因和規律。自1853年，孟德爾就着手進行**植物雜交實驗**，試圖從中找出生物特質如何一代傳一代的答案。

他以具有多個分明特徵的**豌豆**為實驗品，在修道院內的園圃作雜交種植，並刻意讓各個品種按需要進行**人工授粉**。他小心翼翼地打開花蕾，用鑷子夾出雄蕊，將花藥上的**花粉**撒到雌蕊的**柱頭**，再用小布袋把每朵花套起來，以儘量防止外來花粉帶來的影響，減少意外因素造成結果**偏差**。

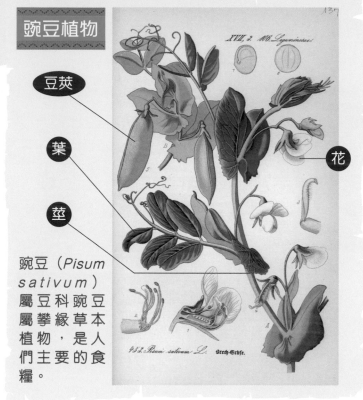

豌豆植物

豆莢

葉

莖

花

豌豆（*Pisum sativum*）屬豆科豌豆屬攀緣草本植物，是人們主要的食糧。

此後，孟德爾記錄了每棵豌豆的7種性狀差異，包括**種子形狀、種皮顏色**、**種子子葉的顏色**、**成熟豆莢的形狀**、**豆莢顏色**、**花朵生長的位置**，以及**莖的長度**，再作統計分析。經過數年時間，他得到了一些有趣的結果。

經過雜交種植，第一代新生豌豆只繼承上一代的**部分特徵**，推翻了以前人們認為雜交得出的物種必是完全混合性狀的觀念。只是，當那些豌豆再作雜交繁殖後，有些第二代竟出現第一代沒繼承的特徵。

以種子形狀為例，把擁有**圓滑種子**的豌豆與**皺皮種子**的雜交種植，所種出的**第一代**皆只生產圓形種子。然而，將第一代的豌豆

再相互雜交後，長出的**第二代**竟有部分結出皺皮種子。孟德爾統計過，在7324個種子中，有5474個屬於圓滑，其餘1850個則是皺皮的，其比例約是**3:1**。無獨有偶，豌豆的其他特徵分佈亦具有相近的比例。

孟德爾根據各項數據進行推論，提出三個要點，後世稱其為「**孟德爾三大定律**」。

第一，生物顯現的各種特徵乃由一些物質所控制，以德文「Merkmale (特質)」稱呼，後人最初將其翻譯成「**因子**」(factor)。那些因子存於生物的父母體內，當其父母形成下一代的生殖細胞時，因子就會分拆出來，傳到下一代裏。故此，生物具有父母雙方的因子，而每組遺傳因子都是**成雙成對**。後世稱為「**基因的分離定律**」或「孟德爾第一定律」。

第二，每組遺傳因子各自決定該生物的某一性狀特徵，互不影響。例如形成豌豆花朵顏色的因子，與那些影響莖長的因子並無關聯。這就是「**基因的獨立分配定律**」或「孟德爾第二定律」。

第三，根據首兩項推論所示，生物會出現甚麼特徵，是由父母雙方的遺傳因子共同決定，而且因子會在每一代**隨機**重新組合。至於哪一方特徵會較易顯露出來，就視乎因子的勢力強弱。較強的因子稱為「**顯性**」，較弱的則是「**隱性**」。不過，隱性因子不會永遠消失，而是與顯性因子按$1：3$的比例顯現。此稱為「**基因的自由組合定律**」或「孟德爾第三定律」。

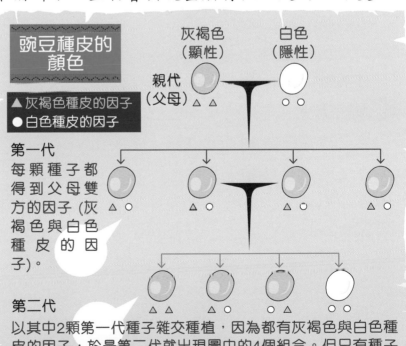

豌豆種皮的顏色

▲灰褐色種皮的因子
●白色種皮的因子

灰褐色（顯性）　白色（隱性）

親代（父母）

第一代
每顆種子都得到父母雙方的因子 (灰褐色與白色種皮的因子)。

第二代
以其中2顆第一代種子雜交種植，因為都有灰褐色與白色種皮的因子，於是第二代就出現圖中的4個組合。但只有種子全是隱性因子時，才長出白色種皮。

以豌豆種皮的顏色為例，孟德爾發現在929棵豌豆植物中，有705棵長出紫紅色花和灰褐色種皮，有224棵則長出白花與白色種皮，比例是3.15：1，與3：1接近。

1865年，他將研究寫成論文〈植物雜交實驗〉*，並在《布爾諾自然歷史學會雜誌》*上發表。

另外，孟德爾也會做其他與農業種植相關的研究，其中一項是蜜蜂的習性。他在修道院的花園內製造人工蜂房，飼養蜜蜂，並為蜂房逐一編上號碼，仔細觀察每個蜂羣的生態，詳細記錄女王蜂與工蜂

的特性，還有其製蜜與繁衍的過程。後來，他把資料刊載於科學月刊，對養蜂業大有裨益，並因此獲邀成為全國養蜂協會的榮譽會員。

此外，孟德爾還探究氣象學。雖然他在1868年升任為修道院長後，須處理更多雜務，但仍盡力抽空做各種實驗，如嘗試測定臭氧濃度、風速和雨量變化，甚至親身觀察龍捲風……

1870年10月某天下午，年輕修士正與同伴在修道院的花園散步。他抬頭望向陰暗的天空，說：「好像快要下雨呢。」

就在這時，不可思議的景象出現了。塵埃旋轉著捲起來，且愈轉愈快，最後竟形成一條細長的龍捲風。

「哇，是龍捲風！快逃！」同伴慌張地叫道。

「等等，院長還在樓上，要通知他逃難啊！」說著，年輕修士就衝進不遠處的建築物內。

他奔上二樓，來到孟德爾的房間。一打開門，即強風撲臉，更有紙張迎面飛來，不禁舉起雙手遮擋。他從指縫間竟看到孟德爾站在

滿地玻璃碎片的窗邊，強風將其衣服吹得幾乎翻起。

「院長，你這樣很危險！快離開窗邊啊！」年輕修士大叫道。

*〈植物雜交實驗〉(Experiment in Plant Hybridization)。
*《布爾諾自然歷史學會雜誌》(Proceedings of the Natural History Society of Brünn)，於1861至1920年出版的德國科學雜誌。

只是，對方**充耳不聞**，定睛望着外面龍捲風肆虐的可怖景象。

不一會，龍捲風終於消散。

孟德爾立即轉身，隨手從地上抓起紙筆，直接站在窗沿**奮筆疾書**起來。年輕修士見他興頭正盛，也不敢打擾，只靜靜地站在門口等待。

十數分鐘過去，孟德爾終於**擱筆**，輕輕撥了撥凌亂的頭髮，回頭看着年輕人，歎道：「真是**可怕**的天氣現象呢。」

說着，他上前扶起翻倒的椅子，又把地上雜物逐一放在桌上，搖頭苦笑：「哎呀，實在**慘不忍睹**，看來要花點時間收拾了。」

事後孟德爾嘗試按龍捲風的大小、旋轉方向、速度等資料去分析其成因，只是**所得有限**。不過他仍將觀察結果撰寫成報告，在自然科學協會的會議上提出，並於次年刊載到協會的雜誌。

遺傳學的沉寂與再起

自孟德爾在科學雜誌發表有關遺傳學的研究報告後，為**推廣**其想法，曾私下購買了40本雜誌，分贈予一些著名的科學學會與生物學家如達爾文，可惜**乏人問津**。據說有些人甚至連雜誌都沒打開過，根本不知其突破性結果。

話雖如此，孟德爾仍充滿信心，曾預言他的時代將會來臨。到1884年他因病逝世，其理論一度**沉寂**下來。

直至十數年後的1900年代，先後有三名科學家注意到孟德爾的豌豆實驗及其論文，包括荷蘭生物學家德弗里斯[*]、德國植物學家科倫斯[*]、奧地利農學家切爾馬克[*]。他們重新進行**植物實驗**以作**驗證**，並在自己的論文中引用其理論，孟德爾的學說得以被重新提及，並受到**廣泛注意**。

1910年，美國遺傳學家摩爾根[*]利用**黑腹果蠅**做實驗，確定**染色體**就是遺傳信息的載體，由此證實孟德爾定律，開啟現代遺傳學的發展。

[*]許霍·馬里·德弗里斯 (Hugo Marie de Vries，1848-1935年)。
[*]卡爾·埃里克·科倫斯 (Carl Erich Correns，1864-1933年)。
[*]埃里克·馮·切爾馬克 (Erich von Tschermak，1871-1962年)。
[*]托馬斯·亨特·摩爾根 (Thomas Hunt Morgan，1866-1945年)，美國演化生物學家與遺傳學家，曾找出多個突變基因在染色體上的分佈位置，因而獲得1933年的諾貝爾醫學獎。

暑期數理常識挑戰計畫 2021
總決賽現場回顧！

今年的總決賽在 10 月 16 日於香港創新中心舉行，有 5 間學校的同學成功擠身總決賽。經過一輪激烈比賽後，冠亞季軍亦順利誕生！

創新科技嘉年華

以「創新成就未來」為主題的創新科技嘉年華 2021 已於 10 月 23 日至 31 日在香港科學園舉行，有多達 30 多個包括本地大學、科研機構及企業等參展商參與當中。除了展出各種科技展品，不少攤位更設有互動遊戲，讓一眾參觀者挑戰身手。

▲這部管道檢測機械人即將開發完成。它可在食水管內部行走，就算是狹窄的 90 度彎、垂直的水管也可應付自如。水務署的工程人員可遙控它來檢查水管內部，以及早發現水管受損的地方，進行維修。

◀這是一個用於工業生產的「模組化生產」系統模型，由 4 個模組構成。生產工序中的每一個步驟分別在一個模組中進行。如此，若當中有步驟要更改，只須更換該步驟的模組就完成。

◀ 面對較難的問題，同學們仍能保持冷靜思考～

▶ 跟隊友商量，也是相對的好方法！

比賽結果

冠軍
道教青松小學（湖景邨）

亞軍
保良局陸慶濤小學

季軍
五旬節于良發小學

有趣展品

▲ 這是香港首台矩形隧道鑽挖機的模型，由土木工程拓展署引入，曾用於承啟道與彩虹邨行人隧道的工程。

攤位遊戲

▲ 模擬駕駛飛機的攤位非常受歡迎！

◀ 由香港中文大學負責的攤位有機械人競技遊戲，同樣也吸引不少人！

中大創科
展覽大回顧

香港中文大學在9月舉辦了創新日及創業日，讓我們回顧一下當時的有趣見聞吧！

中文課要全班戴眼鏡？

中大科研團隊錄製 VR 影片，並向學生提供 VR 眼鏡，讓其一睹鬧市的急促節奏，一聽海岸的浪聲和鳥鳴，彷彿置身其中。再配合名家篇章，有助提升讀寫能力。

◀中大科研團隊的簡易 VR 眼鏡。硬卡紙中嵌有特殊鏡片，只要摺成盒狀，放入智能手機並播放 VR 影片，透過特殊鏡片就能看到 VR 映像。

從視網膜分析中風風險

視網膜和腦部血管有相同的組織結構，這套系統藉着觀察視網膜血管的狀態，就能快速分析中風風險。

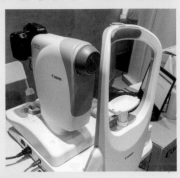

◀▲檢測過程很像驗眼，將下巴和額頭固定在托上，眼睛對準鏡頭，讓眼底照相機拍攝。

眼底照片

酒店送餐機械人

疫情期間，這個機械人在酒店執行送餐任務！

它懂得乘升降機並走到指定房門外，再發短訊通知住客開門取餐，減少接觸傳播風險。

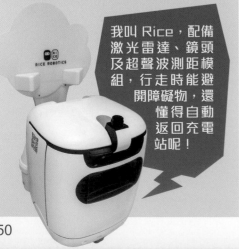

我叫 Rice，配備激光雷達、鏡頭及超聲波測距模組，行走時能避開障礙物，還懂得自動返回充電站呢！

內鏡大腸手術機械人

這套系統配備高清鏡頭，醫生能使用微型抓手和切割刀來切除病變組織。經多次手術後，證實可節省三分之二施術時間，從而降低手術風險。

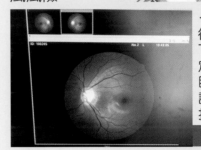

抓手　切割刀

◀中大研發團隊在講座中展示施術時的照片。這套機械人系統更奪得日內瓦國際發明展金獎呢！

曹博士
信箱
Dr. Tso

兒童讀物是我人生活動的一角土壤；我的成長、我的服務、我的回報，從未和這格調的載體間斷過。其中，《兒童的科學》是我最長久致遠、份屬青梅竹馬的老朋友。

我在兒科主要守住答問，它使我喚發青春。我創辦或參與的任何科普活動都推崇三有內涵（有趣、有理和有用）；剛好在這園地裏，我輸出、也承受着很有分量的三有內涵。

為此，我感謝兒科的全人；為此，我也感謝共同志趣的作者群。

今屆生日，更跨過疫暴拐點；尚緣尚份、祝兒科大放光芒。

曹宏威

為甚麼我們跑完步不宜洗冷水澡？

Q1

香港中文大學
生物及化學系客席教授
曹宏威博士

鄭朗

跑步是一種耗能的健身運動，表面上，抬腿衝前的主肌是負責移動身體的雙腿，其實整個人的筋肌也相應地增加活動量。為了補充能量需求，心跳和呼吸也會加速，血液也循環不斷為肌肉補能。這些額外提供的能量，一部分為肌肉伸縮所使用，一部分則以熱能的形式散失。因此，運動過後會體溫上升，繼而身體會泌汗來調節體溫，令人滿頭大汗。

待運動停止，休息過後，身體才恢復常態，這個過程總要一段時間。如果運動後立即洗冷水澡，身體降溫太快，器官功能急煞車，極有可能對身體產生沖擊，造成傷患。在寒冷地區舉辦馬拉松賽，賽會服務員往往替完賽的跑手裹上保溫毯，也是同樣道理。

你或許會問，賽後多久才好洗冷水澡（水溫約 15℃）？我認為要**因人而異**。視乎情景需要、跑手習慣、身體狀態而定，注意健康為要。

Photo by israeltourism/CC-BY-SA 2.0

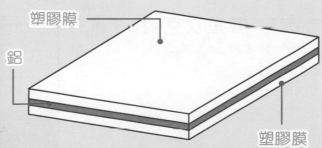

塑膠膜
鋁
塑膠膜

◀這種保溫毯常被人誤會是廚房用品中的鋁箔，但其實它是一張鍍了鋁金屬的塑膠薄膜。

為鼓勵讀者多思考多發問，編輯部將向被選中刊登問題的讀者寄出紀念品一份！　　51

最近我們的 流冰 就在 鄂霍次克海!

> 想不到在北緯 45 度的北海道,到冬天也可看到流冰!

日本北海道面向的鄂霍次克海流冰

流冰(drift ice)或稱浮冰,是從陸地的河冰及冰川流出,或因冰山崩塌而散開的冰塊。它們隨風及海流在海上漂浮,不再依附陸地。

每年約一月尾至三月中,在北海道北岸的鄂霍次克海,就能看到流冰海面。

> 在地球另一邊,緯度更高的英國因寒冷海流未達沿岸,所以整年都不見流冰靠岸。

鄂霍次克海 如何形成流冰

俄羅斯

鄂霍次克海

堪察加半島

千島群島

日本海

北海道

太平洋

鄂霍次克海被堪察加半島及千島群島等包圍,所以海流比太平洋平靜。

在冬季,該區海水溫度低於 -1.8°C 時,從內陸黑龍江流出淡水,令海水表層約 50 m 的鹽度下降,並結成「初生冰」。然後,初生冰慢慢堆積為不同厚度及大小的流冰,再隨寒風南下到北海道北岸,那裏也是北極流冰延伸的最南點。

寒風

鄂霍次克海

太平洋

50m

由黑龍江流出淡水

千島群島

鄂霍次克海的流冰覆蓋面

Photo by NASA's Earth Observatory

流冰對環境的影響

鄂霍次克海的流冰層反射陽光，令周圍保持低溫，同時影響天色及海浪波幅！

阻遏氣溫上升

固體的海冰比海水反射更多太陽熱能。所以全球流冰層的幅蓋率，也是緩減地球暖化的指標之一。

雲量較少

由於陽光被流冰層所隔，令海水難以蒸發成水蒸氣，所以上空凝聚的雲層較少，甚至是晴朗無雲。

流冰下的生物鏈

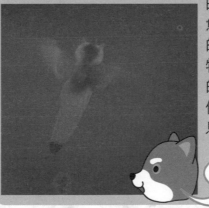

流冰下的海洋有豐富的浮遊植物及生物，成為魚類、海洋動物以至鳥類的糧倉，維繫着當地的食物鏈。當中以吃浮遊生物的無殼科貝類生物「海天使」，以及常在流冰上休息的海豹最為大眾熟悉。

海天使最大只有 3 至 4cm 長。

風平浪靜

風　　　　　一般

流冰
流冰　　　　　流冰

鄰近海岸的流冰層變相擴大了「陸地」面積，所以本來是遠海區域，其海浪波幅也較低。

流冰不穩固

靠岸的流冰看似穩固，但其實危險重重。人們在流冰上走動，隨時會因踏中碎冰而跌入冰冷的海水裏，加上其急流環境，令生存機會渺茫。

除非確認流冰穩固安全及穿上浮水衣，否則我們只能乘船遠觀啊！

數學偵緝室

數學

大偵探福爾摩斯
護送證人 之旅

「噠噠噠……」月台上的急促腳步聲，在**蒸汽火車**引擎的怒吼中仍清晰可聞。

「快點！要是錯過這班火車，就要多等**4小時**才有下一班火車了！」福爾摩斯跑在前頭催促，華生及一個**胖子**緊隨其後。

「嗄……嗄……我不行了。」那胖子跑到一半，整個人跪倒地上，拚命喘氣。

「你想不要命嗎？快跑！」華生回過頭來，一手拉起胖子，另一手撿起他掉在地上的**手提包**。

三人跑上車廂，才剛坐下，火車已開始加速離站了。

「咦？那些人是——」

華生及福爾摩斯通過車窗，看到幾個身穿**西裝**、拿着**手槍**的人跑上了月台。幸好火車愈開愈快，很快就**遠離**車站。

「噓……真險。」華生倚在木椅上，舒了一口氣，向仍然惶恐不安的胖子道，「萊頓先生，他們竟敢**明目張膽**地來搶，看來你手上的**賬簿**真的非常重要呢。」

原來，胖子萊頓是一個黑幫的**會計師**，他因為犯錯令幫會損失了一大筆錢，只好逃命到偏僻的謝佩島。但黑幫很快就追蹤而至，他為了保命，只好透過線人向蘇格蘭場提出**交易**——他會交出賬簿，換取全天候貼身**保護**。

蘇格蘭場有了賬簿，就等於掌握了**檢控**的鐵證，能一舉把黑幫**殲滅**。可是，李大猩懷疑蘇格蘭場內也有黑幫安插的**內鬼**，為免走漏風聲，就私下委託福爾摩斯和華生，把萊頓從謝佩島**護送**回倫敦去。

「到了倫敦後，可能會更**兇險**呢。」福爾摩斯嚴肅地說。

火車通過幾個小鎮後，漸漸開進了一片青綠的原野。

萊頓不安地**往外張望**，彷彿追殺他的人會突然出現。

「鎮定點，他們來不及上車，你現在已很安全。」福爾摩斯安撫。

「是……」萊頓點點頭，但仍**緊抱**着藏着賬簿的手提包。

「這裏距離倫敦才**70多公里**，居然要花**一小時**才能抵達，有點慢啊。」華生瞥了一眼懷錶。

「這條不是**主要路線**，用的也不是新型火車頭。」福爾摩斯說，「而且，客車只有**3卡**，剩下的**6卡**都是貨車。所以——」

福爾摩斯説到這裏，火車的速度慢了下來，並轉進了旁邊的另一條路軌。不一刻，他們原本的路軌上，卻**迎頭**駛來了一列車。

　　「咦？」華生往窗外看，那輛迎頭而來火車也慢了下來。

　　「怎麼了？我們的火車好像停了！」萊頓一臉**慘白**，雙手**抖個不停**。

　　「不用怕，看來前方有輛火車**迎頭駛至**，我們這輛要讓一讓路罷了。」福爾摩斯站起來，「我去看看，你們留在這裏。」

　　不一會，福爾摩斯便回到車廂來。

　　「發生甚麼事？」華生問，「真的是讓路嗎？」

　　「出了點**問題**。」福爾摩斯坐下説。

　　「出……出了問題？」聞言，萊頓被嚇得縮作一團。

　　「別怕，只是我們這輛和迎頭開來那輛互相**卡住**了。」

　　「卡住了？」華生不解。

　　「這是可供多輛火車同時行走的**單軌路段**，每隔一段路就有一條用作讓路的**側線**，其中一輛駛進側線後，就可**讓路**給對頭車，這樣雙方便能繼續行駛。」福爾摩斯解釋。

火車❶停在側線，避開對頭而來的另一輛火車❷。火車❷駛過後，停在側線的火車❶就可在正線繼續走。

　　「不過，側線的長度**有限**，行走的火車車卡數目也有限制，否則凸出來的車卡就會阻礙對頭車了。」福爾摩斯續道，「例如，這條側線只可容納**8卡車**。可是，我卻發現對頭車❸和我們的❹一樣，連同車頭分別都有**10卡**。」

車卡太長，便會阻礙對頭車。

　　「啊！這麼一來，就互相卡死了。」華生立即明白過來。

　　「對，差點就要我們這輛退回上一站呢。」

　　「不行！不能退回上一站！」萊頓**驚恐萬分**，「退回的話，會遇上追殺我的人啊！」

　　「稍安毋躁，我們和對頭車都不用回頭。」福爾摩斯説，「只要把其中一輛的車卡拆出來，另一輛再**倒車**數次，就可以讓兩列火車繞過對方了。」

　　「真的嗎？實在想像不到怎樣實行啊。」華生不明所以地搔搔頭。

　　「哈，你花點時間再想像一下吧。」福爾摩斯説完，就自顧自地閲起報來。

　　「唔……除了可以把車卡拆出來外，火車的頭尾其實都可**連接**和**拉動**其他車卡……」華生努力地思考，可是想來想去，還是搞不懂正確的**順序**。就這樣，一小時過去了，其間，華生看到火車有時**向前**，有時**倒後**，來回數次後，火車終於繼續旅程了。

難題①：到底該怎樣做，才可讓兩輛火車都不用回到上一個車站，就能繞過對方？答案就在 p.57！

日落西山時，火車終於駛近倫敦橋火車站。

「嗚——」火車開始**減速**，準備駛進車站月台。

福爾摩斯低聲道：「好，下車吧。」

「下車？這裏？可是……車還沒停下來啊。」萊頓吃了一驚。

「你正被黑幫追殺，**堂而皇之**地在月台下車非常危險。」說完，福爾摩斯與華生拉着萊頓走到車廂之間的連接處。

這時，火車正好停下來等候**訊號**，三人趁機跳下車，並穿過路軌旁的圍板，走到與鐵路並行的一條街道上。這時，華生看到兩個熟悉的**身影**站在一輛**馬車**旁，他們不是別人，正是我們熟悉的蘇格蘭場**孖寶幹探**——李大猩和狐格森。

「你們**遲到**了幾個小時啊！」李大猩不滿地叫道。

「噓——」福爾摩斯伸出食指放在唇邊，「中途有些**小意外**而已。」

「甚麼意外？」李大猩緊張地問

「沒甚麼，只是遇上對頭車要**讓路**而已。」福爾摩斯說着，就把萊頓推上了馬車。眾人見狀，也急急登上了馬車。

馬車開動後，狐格森拿出一張**地圖**說：「對了，道路狀況有變，**行駛路線**要微調一下。」

「微調甚麼？按照計畫走**最短的路程**不就行了？」李大猩不耐煩地說，「安全屋在大英博物館附近，經滑鐵盧大橋過去最近呀！」

「對……愈快愈好，被黑幫**截住**就不好了。」萊頓慌張地附和。

「滑鐵盧大橋有臨時工程，走那裏可能要花更多時間啊。」狐格森說，「另外，附近有些道路因**意外**受阻，有些又較**擠塞**，為了儘快到達安全屋，必須**繞路**。」

「那我們就走這條路線吧。」福爾摩斯用指頭在地圖上畫出一條路線。

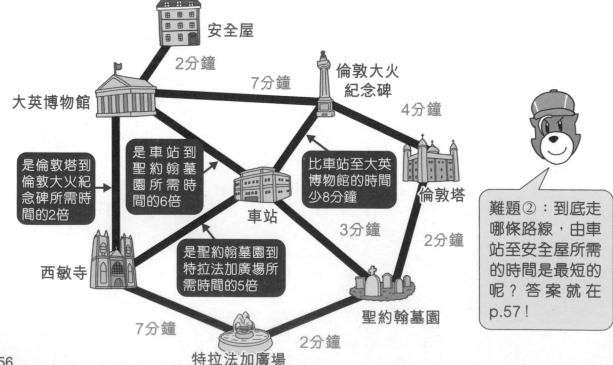

難題②：到底走哪條路線，由車站至安全屋所需的時間是最短的呢？答案就在p.57！

不消一會，馬車已開到大英博物館附近的一幢**公寓**樓下停了下來。附近人來人往，顯得非常熱鬧。

「安全屋在這裏？真的安全嗎？」華生有點擔心。

「愈危險的地方愈安全啊。」福爾摩斯道，「只要萊頓獸在屋裏不露面，問題應該不大。」

「**別走！給我站住！**」突然，一把**兇惡**的女聲響起。

「哇！」萊頓大吃一驚，慌忙逃進公寓。李大猩和狐格森也非常**機警**，立即在萊頓後面**擋住**門口。

華生往聲音來處看去，只見愛麗絲正**怒氣沖沖**地直衝過來。

「哇！走為上着！」福爾摩斯**拔足就跑**，一溜煙似的混在人群中消失了。

「別走呀！快**交租**呀！」愛麗絲**窮追不捨**，也很快就湮沒在人群之中。

「哈哈哈！還以為黑幫搶人，原來是愛麗絲，福爾摩斯這次慘了！」李大猩和狐格森不約而同地**捧腹大笑**。

「哈哈……」華生**無言以對**，只能呆站着傻笑。

答案 難題①：

STEP ❶ 首先將火車A拆成兩段：車頭及7卡車為頭段，最尾的2卡車為尾段。

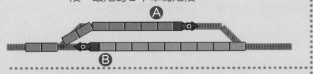

STEP ❷ 把火車A的尾段留在正線，頭段駛入側線。

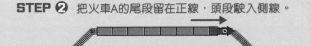

STEP ❸ 火車B向前行，以車頭連接火車A的尾段。

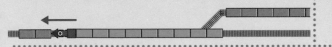

STEP ❹ 火車A頭段繼續向前行，來到正線，後方預留可停10卡車的空位。

STEP ❺ 火車B倒後駛進側線，將火車A的尾段拉進側線後，將之拆開。然後火車B倒後駛入正線（A預留的空位）。

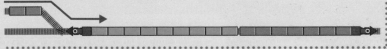

STEP ❻ 火車B沿正線繼續旅程。

STEP ❼ 火車A頭段倒後駛進側線，接回其尾段後，也駛回正線繼續旅程。

難題②：按紅色箭咀的路線，所需的時間最短，共需18分鐘。

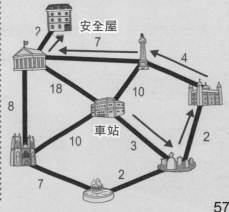

57

KC天文教室

太空人長駐「天宮」太空站

梁淦章工程師
香港天文學會

太空歷奇

祝賀《兒童的科學》出版至今已200期,一直秉承「求知識」「重實踐」「講創意」的精神,推動學界的 STEM 教育,並能「講到」「做到」「達到」,惠及本港的小朋友。感謝編輯們的努力不懈和貢獻,激發無數新一代學童探索科學的熱情,讓我們繼續奮進,再登高峰。

神舟 12 號第一批太空人駐留「天宮」3 個月

2021 年 6 月 17 日
神舟 12 號載人飛船抵達「天宮」,採用軸向交會對接,停泊在前向接口。

「天宮」軌道及飛行方向

天舟 2 號

神舟 12 號

「天和」核心艙

「天宮」太空站

聶海勝、劉伯明和湯洪波 3 位太空人在「天宮」留駐 3 個月,安頓整理艙內設施、出艙活動及驗證多項技術,2021 年 9 月 17 日返回地球。

開通艙段、進駐太空站

「天和」核心艙內的壓力與神舟及天舟內的不同。神舟上的太空人先要等核心艙的壓力調整至與飛船一致才可開啟艙門。依次順序打開艙門①至⑦就可走遍整個太空站。

2021 年 5 月 29 日
天舟 2 號飛船先行運載駐留太空人所需的物資,採用軸向交會對接,停泊在後向接口,充當儲物倉庫。

① ② ③ ④ ⑤ ⑥ ⑦

神舟載人飛船

「天和」核心艙

天舟載貨飛船

神舟 13 號第二批太空人駐留「天宮」6 個月

2021 年 9 月 18 日
天舟 2 號由後向接口繞飛至前方,在前向接口停泊。

「天和」核心艙

天舟 3 號

天舟 2 號

神舟 13 號

2021 年 9 月 20 日
天舟 3 號飛船運載駐留太空人所需的物資,採用軸向交會對接,停泊在後向接口,充當儲物倉庫。

2021 年 10 月 16 日
神舟 13 號載人飛船抵達「天宮」,首次採用徑向交會對接,停泊在地向接口。
翟志剛、王亞平和葉光富 3 位太空人在「天宮」生活 6 個月,繼續整理調校艙內設施、出艙活動及驗證多項技術,為下一步組建太空站作準備。

神舟載人飛船 DIY 紙樣

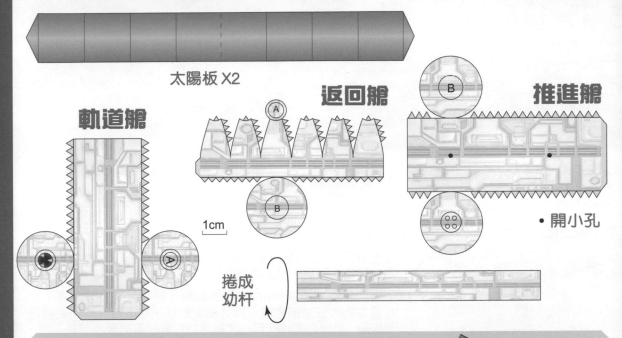

太陽板 X2

返回艙

推進艙

軌道艙

1cm

• 開小孔

捲成
幼杆

製作步驟

1. 用彩色影印機把紙樣放大2倍（200%）印在A3紙上。
2. 在指示位置貼上雙面膠紙，接合各艙段。
3. 根據以下的組合圖完成「神舟」飛船組合體。

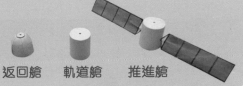

返回艙　　軌道艙　　推進艙

組合圖：

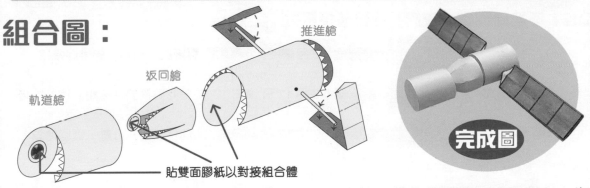

推進艙

返回艙

軌道艙

貼雙面膠紙以對接組合體

完成圖

　神舟飛船由軌道艙、返回艙和推進艙3個艙段合成一個組合體進駐「天宮」。當太空人離開「天宮」返回地球時，返回艙會與個別艙段分離，獨自回航。

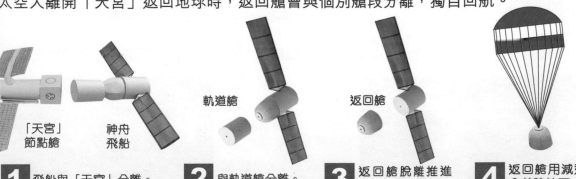

「天宮」
節點艙

神舟
飛船

軌道艙

返回艙

1 飛船與「天宮」分離。

2 與軌道艙分離。

3 返回艙脫離推進艙，重返大氣層。

4 返回艙用減速傘着陸地面。

「天宮」太空站上的交會對接 (重要核心技術)

1. 軸向交會對接（停泊前向或後向接口）
   技術要求較簡單，沿着太空站主軸
   飛行方向調整速度作會合。
2. 徑向交會對接（停泊地向接口）
   技術要求高，飛船從太空站下方
   向上豎飛，除了改變飛行速度外，
   還要不時調整姿態。
3. 機械臂輔助對接（抓緊前向接口的
   艙段，轉移至側向接口）
4. 人手操作交會對接（作為應急後備方案）

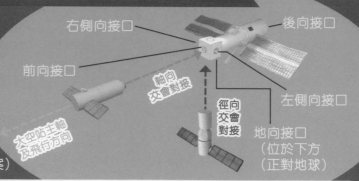

右側向接口　　　　後向接口

前向接口　　　　軸向交會對接

太空站主軸及飛行方向

徑向交會對接

左側向接口

地向接口（位於下方（正對地球）

交會對接組建太空站 DIY

明白了交會對接的過程，就可動手試試用紙模型重演神舟 12、13 號與「天宮」的對接過程。

步驟：

① 參照上期及今期的「天文教室」製作 1 艘「天和」及「神舟」和 2 艘「天舟」紙模型。

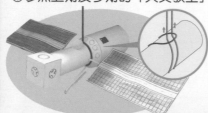

② 如左圖示，用線套在「天和」核心艙令它懸垂在半空，耐心左右移動線的位置，找出重心所在，就可令「天和」水平懸垂。

③ 依下列日程，模擬神舟 12、13 號與「天和」的交會對接，形成龐大的太空站組合體。用雙面膠紙貼在對接口上作為對接兩個艙段。艙段分離後作另一次對接時可能要再貼雙面膠紙加固。

注意：
當「神舟」或「天舟」對接（或分離）「天和」時，整個太空站組合體的重心會轉變，要左或右移動垂線至新的重心位置，使組合體保持水平。

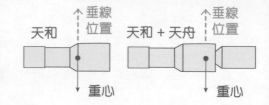

垂線位置

天和　　　　天和 + 天舟　垂線位置

重心　　　　　　　　重心

2021 年各飛船與「天和」交會對接日程 ⋯⋯⋯⋯⋯⋯⋯⋯⋯⋯

5 月 29 日 天舟 2 號 對接於「天和」的後向接口

6 月 17 日 神舟 12 號 軸向對接於「天和」的前向接口

9 月 17 日 神舟 12 號 與「天和」分離，返回地球

9 月 18 日 天舟 2 號 由後向接口繞飛至前向接口

9 月 20 日 天舟 3 號 對接於「天和」的後向接口

10 月 16 日 神舟 13 號 徑向對接於地向接口

◀ 神舟 12 號駐留時太空站組合體。

▶ 神舟 13 號駐留時太空站組合體。

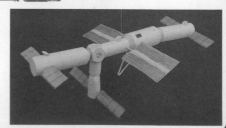

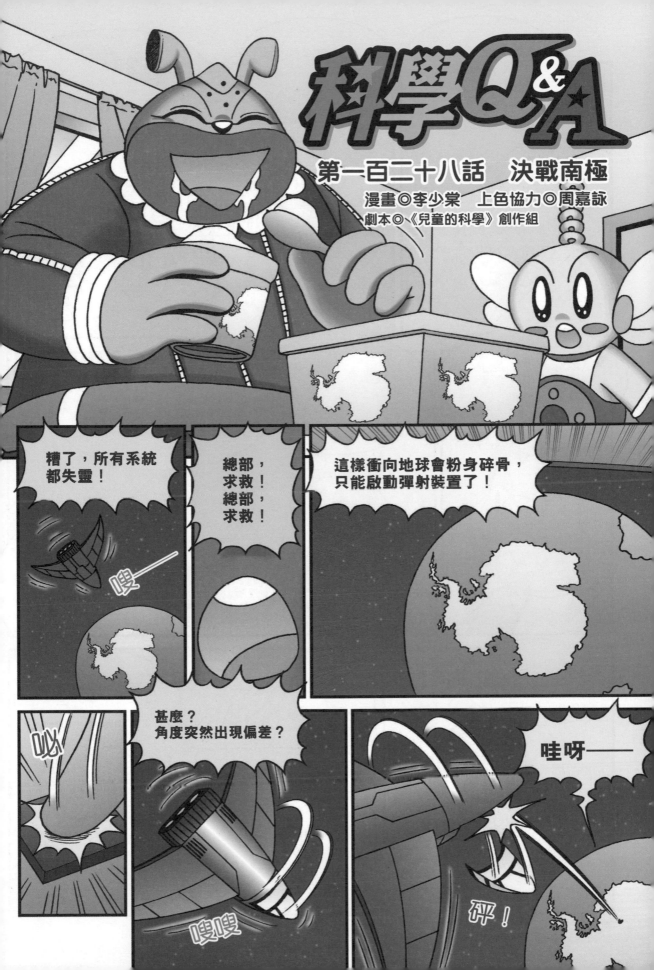

請支持「人人有水飲」活動！

人人有水飲？

對，現在全球有超過二十億人沒有潔淨食水飲用啊！

但地球到處都是水，怎會還有這麼多人沒水喝？

其實地球上約97.5%都是海水，淡水只有約2.5%。

而且大部分位處南北兩極的冰川，真正可供飲用的水資源只有總水量的0.03%而已！

竟然這麼少！

要解決很簡單嘛！

甚麼？

拿南極的冰山變成食水不就行了！

哇！

牠想吃掉我們呀！

別擔心，
藍鯨的主要食物
是磷蝦，不是我們。
只要小心避開就好。

這麼大卻
只是吃蝦？

生長在南極海中的
南極磷蝦以藻類等
浮游生物為食，又被
其他海洋生物所吃，
是把生物能量轉化
傳遞的關鍵物種。

牠們以羣集方式生活，
每立方米空間就有
上萬隻聚集。

鯨魚等大型生物
則以過濾式進食，
吸入海水就能吃掉
那些磷蝦。

鯨魚也會吃
大王魷魚等
較大的生物，但磷蝦才是
牠們的主要食物呢。

太厲害了⋯⋯

69

好！

行動開始！

知道！

我不會讓你破壞地球！

破壞地球？我在保護地球呀！

沙沙……

但如果沒了南極的冰，地球上的生物都無法生存！

廢話少說！

反射90%陽光

反射6%陽光

吸收10%陽光

吸收94%陽光

砰砰

雖然海水吸熱慢，但散熱亦慢，因而導致超過90%以上的熱能也會積聚。

然而南極的冰層卻能像一面鏡反射陽光，把超過90%熱能反射。這樣地球才能保持適合我們生存的溫度，不會過熱。

這裏是？

你的思考迴路因衝擊受損，我已幫你修理好了。

嗚！

對了，總部派我來幫貧困地區開發水源的！

大部分貧困地區缺水的主因是遠離水源，故此需要大量設施去維持該地區供水。

這些設施包括引水道、水壩、水井等，另外還須有完整的供水設計系統，要完成整個水利工程往往需時數十年甚至更久。

尋找水源是一項艱辛的工作呢。

這次總算是個完美結局啊。

甚麼完美！看了版頭，我還以為可當今期主角，豈料完全沒出場機會！

詐騙呀！

72

~完~

兒童的科學 NO.200

請貼上
HK$2.0郵票
只供香港
讀者使用

香港柴灣祥利街9號
祥利工業大廈2樓A室
兒童的科學 編輯部收

有科學疑問或有意見、
想參加開心禮物屋，
請填妥問卷，寄給我們！

大家可用
電子問卷方式遞交

▼請沿虛線向內摺

請沿實線剪下

請沿實線剪下

請在空格內「✔」出你的選擇。

我購買的版本為：₀₁□實踐教材版 ₀₂□普通版

給編輯部的話

我的科學疑難/我的天文問題：

開心禮物屋：我選擇的 禮物編號 [　　　　　]

有關今期內容

Q1：今期主題：「供水系統大探究」
₀₃□非常喜歡　　₀₄□喜歡　　₀₅□一般　　₀₆□不喜歡　　₀₇□非常不喜歡

Q2：今期教材：「懸空水龍頭」
₀₈□非常喜歡　　₀₉□喜歡　　₁₀□一般　　₁₁□不喜歡　　₁₂□非常不喜歡

Q3：你覺得今期「懸空水龍頭」的組合方法容易嗎？
₁₃□很容易　　₁₄□容易　　₁₅□一般　　₁₆□困難
₁₇□很困難（困難之處：＿＿＿＿＿＿＿＿）　　₁₈□沒有教材

Q4：你有做今期的勞作和實驗嗎？
₁₉□3D聖誕卡　　₂₀□實驗1：回復硬幣光澤
₂₁□實驗2：磁鐵吸幣　　₂₂□實驗3：硬幣盛水

問　卷

讀者檔案

#必須提供

#姓名：		男 女	年齡：	班級：

就讀學校：

#居住地址：

#聯絡電話：

你是否同意，本公司將你上述個人資料，只限用作傳送《兒童的科學》及本公司其他書刊資料給你？（請刪去不適用者）

同意/不同意　簽署：＿＿＿＿＿＿＿＿＿＿＿　日期：＿＿＿＿年＿＿月＿＿日

（有關詳情請查看封底裏之「收集個人資料聲明」）

讀者意見

A 今期特稿：兒科知識寶庫

B 科學實踐專輯：頓牛度假城

C 海豚哥哥自然教室：香港的寶貝 中華白海豚

D 科學DIY：3D聖誕卡

E 科學實驗室：硬幣材質的奧妙

F 讀者天地

G 大偵探福爾摩斯科學鬥智短篇：魔犬傳說（2）

H 科學快訊：遊戲機配香蕉手掣

I 誰改變了世界：遺傳學的奠基者 孟德爾

J 活動資訊站

K 曹博士信箱：為甚麼我們跑完步不宜洗冷水澡？

L 科技新知：中大創科展覽大回顧

M 地球揭秘：最近我們的流冰就在鄂霍次克海！

N 數學偵緝室：護送證人之旅

O 天文教室：太空人長駐「天宮」太空站

P 科學Q&A：決戰南極

＊請以英文代號回答Q5至Q7

Q5. 你最喜愛的專欄：

第 1 位 ₂₃＿＿＿＿＿　第 2 位 ₂₄＿＿＿＿＿　第 3 位 ₂₅＿＿＿＿＿

Q6. 你最不感興趣的專欄：₂₆＿＿＿＿　原因：₂₇＿＿＿＿＿＿＿

Q7. 你最看不明白的專欄：₂₈＿＿＿＿　不明白之處：₂₉＿＿＿＿＿

Q8. 你從何處購買今期《兒童的科學》？

₃₀□訂閱　₃₁□書店　₃₂□報攤　₃₃□便利店　₃₄□網上書店

₃₅□其他：＿＿＿＿＿＿＿＿＿＿＿＿＿＿

Q9. 你有瀏覽過我們網上書店的網頁www.rightman.net嗎？

₃₆□有　₃₇□沒有

Q10. 中學的科目比小學的多，你對哪些科目感興趣呢？（可選多於一項）

₃₈□中文　₃₉□英文　₄₀□數學　₄₁□公民與社會發展　₄₂□中國歷史

₄₃□世界歷史　₄₄□地理　₄₅□經濟　₄₆□資訊科技（電腦）

₄₇□物理　₄₈□化學　₄₉□生物　₅₀□音樂　₅₁□體育　₅₂□視覺藝術

₅₃□其他，請註明：＿＿＿＿＿＿＿＿＿＿

Q11. 香港太空館由即日起至2022年5月30日展出「韋布」太空望遠鏡的相關展品，你會去看這個免費展覽嗎？

₅₄□會　₅₅□不會，原因：＿＿＿＿＿＿＿＿＿＿